Mathefreunde 4

Erarbeitet von
Jana Elsner
Ursula Kluge
Nancy Kunkis
Grit Kurtzmann
Jana Richter
Birgit Schlabitz
Carmen Sobek

Cornelsen

INHALT

Addieren und Subtrahieren

1 Erkläre, wie die Kinder rechnen.

2

a)	b)	c)	d)	e)
325 + 6	450 + 40	326 + 24	227 + 500	427 + 340
556 + 7	770 + 60	537 + 36	184 + 600	351 + 520
497 + 5	180 + 50	743 + 48	663 + 300	637 + 240
696 + 8	260 + 70	859 + 22	435 + 400	508 + 350

230 330 331 350 490 502 563 573 704 727 767 784 791 830 835 858 871 877 881 963

3 Erkläre, wie die Kinder rechnen.

4

a)	b)	c)	d)	e)
532 − 7	650 − 30	578 − 52	864 − 600	764 − 230
864 − 6	690 − 50	485 − 45	672 − 500	978 − 320
305 − 8	770 − 80	697 − 33	563 − 300	456 − 215
402 − 6	320 − 40	864 − 25	908 − 700	847 − 222

172 208 241 263 264 280 297 396 440 525 526 534 620 625 640 658 664 690 839 858

5

a) 435 → + 28 → □ → + 40 → □ → − 7 → □ → + 230 → □ → + 9 → □

b) 780 → − 240 → □ → − 28 → □ → + 420 → □ → + 60 → □ → − 54 → □

1 bis 4: Addieren und Subtrahieren durch Zerlegen des 2. Summanden/Subtrahenden wiederholen, auch andere Rechenstrategien besprechen und anwenden
5: Wechsel der Rechenoperationen zur Schulung der Konzentration

APP

AH S. 2
ÜH S. 2

6 Erkläre, wie die Kinder rechnen.

Ben

Klara

Max

7 a) 355 + 108   b) 364 + 56   c) 256 + 587

d) 783 − 205   e) 845 − 367   f) 640 − 381

8 Überschlage zuerst, rechne dann schriftlich.

a)	b)	c)
372 + 235	865 − 345	652 + 249
725 + 180	774 − 208	946 − 528
276 + 248	672 − 435	66 + 427
68 + 364	965 − 77	935 − 367
408 + 153	507 − 229	600 − 352

S. 5 / 8

a) Ü: 400 + 200 =

  372
+ 235

9 a) 321 + 246 + 205   b) 34 + 471 + 326   c) 243 + 85 + 367   d) 432 + 126 + 214   e) 287 + 315 + 32   f) 285 + 304 + 246   g) 406 + 65 + 334

10 Welche Aufgaben rechnest du im Kopf, welche rechnest du schriftlich?

a)	b)	c)	d)
372 + 124	287 + 203	437 − 22	583 − 221
206 + 360	133 + 240	863 − 360	668 − 108
29 + 287	396 + 87	925 − 210	738 − 349
412 + 230	630 + 140	777 − 126	830 − 250

316 362 373 389 415 483 490 496 503 560 566 580 642 651 715 770

11 Max wünscht sich ein neues Fahrrad.

a) Wie viel kostet Rad A weniger als Rad B?
b) Wie viel kostet Rad C weniger als Rad D?
c) Stelle weitere Fragen und beantworte sie.

6: Schriftliche Rechenverfahren wiederholen: Auf die Rechenrichtung, das stellengerechte Schreiben und die Sprechweise achten
8: Überschlag als Kontrollmöglichkeit nutzen

APP

Multiplizieren und Dividieren

1
a) 6 · 7
6 · 70
60 · 7

b) 8 · 6
8 · 60
80 · 6

c) 4 · 9
4 · 90
40 · 9

d) 8 · 3
8 · 30
80 · 3

2
a) 25 : 5
250 : 5
250 : 50

b) 40 : 8
400 : 8
400 : 80

c) 27 : 3
270 : 3
270 : 30

d) 49 : 7
490 : 7
490 : 70

3
a) 8 · 60
5 · 30
4 · 70
9 · 20

b) 7 · 20
6 · 50
7 · 30
6 · 30

c) 30 · 4
60 · 7
50 · 8
40 · 9

d) 90 · 7
70 · 8
30 · 8
20 · 5

e) ☐ · 70 = 350
☐ · 50 = 450
☐ · 80 = 640
☐ · 90 = 810

5 8 9 9 100 120 140 150 180 180 210 240 280 300 360 400 420 480 560 630

4
a) · 40 → ; ← : 40

7	
6	
	360
	160

b) · 60 → ; ← : 60

3	
5	
	540
	420

c) : 30 → ; ← · 30

210	
180	
	8
	4

d) : 80 → ; ← · 80

560	
640	
	6
	9

5
a) 640 : 80
280 : 40
540 : 60
900 : 90

b) 250 : 50
420 : 70
360 : 60
630 : 70

c) 180 : 6
210 : 3
160 : 4
490 : 7

d) 400 : 5
240 : 3
300 : 6
720 : 8

e) ☐ : 30 = 9
☐ : 60 = 8
☐ : 80 = 4
☐ : 70 = 5

5 6 6 7 8 9 9 10 30 40 50 70 70 80 80 90 270 320 350 480

6 Am 1. Ferientag fuhren 360 Personen mit dem Bus auf die Insel Rügen.
Der Bus war immer voll besetzt und ist neunmal gefahren.
Wie viele Plätze hat der Bus?

Bei Bedarf B-KV 3 und 4 nutzen
1 bis 2: Multiplikation mit und Division durch Zehnerzahlen mithilfe der kleinen Aufgabe wiederholen
4: Tausch- und Umkehraufgaben als Lösungshilfe nutzen

APP

AH S. 3
ÜH S. 4

7

6 · 14 = ☐
6 · 10 = ☐
6 · 4 = ☐

a)	b)	c)	d)
6 · 14	5 · 17	4 · 46	5 · 64
3 · 18	8 · 18	2 · 56	7 · 52
4 · 19	7 · 16	3 · 42	3 · 32
8 · 16	9 · 14	0 · 53	6 · 71

0 54 76 84 85 96 112 112 126 126 128 144 184 320 364 426

8

90 : 6 = ☐
60 : 6 = ☐
30 : 6 = ☐

a)	b)	c)	d)
90 : 6	45 : 3	39 : 3	108 : 9
38 : 2	70 : 5	72 : 4	120 : 8
84 : 7	99 : 9	84 : 6	112 : 7
96 : 8	60 : 4	98 : 7	114 : 6

9

a)	b)	c)	d)
38 : 7	26 : 3	44 : 6	46 : 5
36 : 8	56 : 6	75 : 8	25 : 3
19 : 2	22 : 4	28 : 3	39 : 6
30 : 4	47 : 8	75 : 9	65 : 7

10

a)	b)	c)	d)	e)
4 · 130	2 · 204	120 · 6	108 · 5	7 · 140
3 · 140	8 · 106	180 · 3	203 · 4	180 · 5

11

a)

·	300	20	4	324
2				
3				

b)

·	100	50	3	153
4				
6				

12

a)

b)

c)

13

228 : 3 = ☐
210 : 3 = ☐
18 : 3 = ☐

a)	b)	c)	d)
228 : 3	182 : 7	210 : 6	288 : 8
168 : 2	108 : 6	188 : 4	265 : 5
189 : 9	376 : 8	195 : 5	204 : 6
427 : 7	252 : 4	387 : 9	238 : 7

7 und 8: Multiplizieren und Dividieren durch Zerlegen des 2. Faktors/Dividenden wiederholen
9: Division mit Rest wiederholen
11: Aufgabenbeziehungen zum Lösen nutzen, B-KV 2 nutzen

APP

Addieren, Subtrahieren, Multiplizieren und Dividieren

1

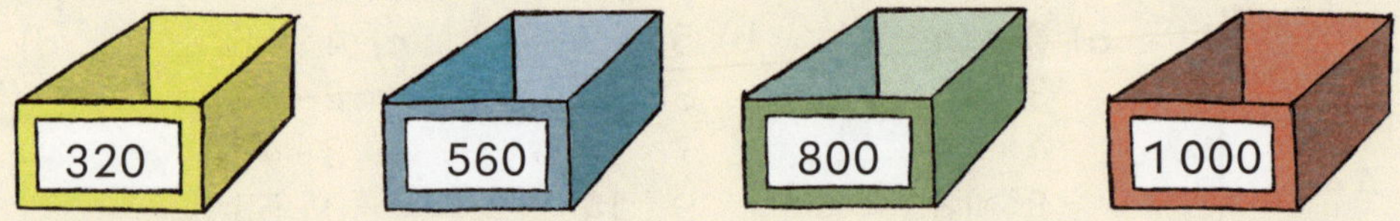

200 · 4	80 · 4	495 + 505	70 · 8	900 – 340
252 + 308	25 · 40	240 + 80	940 – 140	640 : 2

S. 8 / 1

320

80 · 4

2 Setze das richtige Zeichen ein: +, –, ·, :.

a) 40 ◯ 8 = 320
260 ◯ 240 = 500
630 ◯ 90 = 7
840 ◯ 170 = 670

b) 870 ◯ 250 = 620
32 ◯ 4 = 128
360 ◯ 60 = 6
412 ◯ 228 = 640

c) 628 ◯ 220 = 848
480 ◯ 8 = 60
574 ◯ 274 = 300
300 ◯ 3 = 900

3

a) 240 —+ 60→ ◯ —: 6→ ◯ —· 8→ ◯ —– 230→ ◯

b) 560 —– 350→ ◯ —: 70→ ◯ —· 60→ ◯ —+ 560→ ◯

4 Richtig oder falsch? Berichtige die Fehler im Heft.

a) 460 + 270 = 720
640 : 8 = 80
327 – 118 = 109
70 · 9 = 630

b) 420 : 7 = 6
281 + 419 = 700
864 – 280 = 594
80 · 9 = 760

c) 409 · 2 = 816
450 : 9 = 5
249 + 351 = 600
789 – 62 = 767

5

6 Schreibe ein eigenes Zahlenrätsel.

7 Erkläre, wie Mila und Ben rechnen.

8

a)	b)	c)	d)
5 + 7 · 8	49 : 7 + 8	32 + 4 · 8	29 − 35 : 5 − 2
6 + 6 · 4	32 : 8 + 9	45 + 9 : 3	18 + 21 : 7 − 4
80 − 6 · 6	45 : 5 − 8	80 − 60 : 4	40 : 5 − 12 : 2
76 − 3 · 7	63 : 9 − 5	6 · 7 − 8	56 : 8 − 14 : 2

0 1 2 2 13 15 17 20 30 34 44 48 55 61 64 65

9

a)	b)	c)	d)
3 · (7 + 6)	(21 − 8) · 2	(32 + 22) : 9	55 : (12 − 7)
6 · (6 + 5)	(23 − 5) · 5	(22 + 26) : 6	49 : (18 − 11)
4 · (7 + 8)	(24 − 8) · 4	(19 + 2) : 3	32 : (28 − 20)
8 · (6 + 3)	(19 − 6) · 7	(21 + 24) : 5	72 : (41 − 33)

4 6 7 7 8 9 9 11 26 39 60 64 66 72 90 91

10

a)	b)	c)
6 + 3 · (14 − 7)	(84 + 12) : 8 + 7	75 − 72 : (12 − 4)
8 + 4 · (16 − 8)	(58 − 22) : 6 + 4	38 + 40 : (18 − 8)
9 − 3 · (15 − 8)	(67 − 32) : 7 + 9	63 − 27 : (13 − 4)

11

a)	b)	c)
(3 + 7) · (8 − 7)	5 + 4 · 6 − 8	200 − 8 · (6 + 14)
3 + 7 · 8 − 7	(5 + 4) · 6 − 8	200 − 8 · 6 + 14

12 Hier fehlen die Klammern. Setze sie an die richtige Stelle.

a)	b)
7 · 13 − 5 = 56	6 · 7 − 5 · 4 = 48
80 − 30 : 5 = 10	15 + 4 · 3 + 7 = 190
20 + 28 : 7 = 24	60 : 2 + 4 − 5 = 5
6 · 12 − 4 = 48	36 + 36 : 4 + 8 = 26

7 bis 9: Rechenregeln wiederholen und anwenden
10: Beide Rechenregeln zum Lösen anwenden

APP

Zeit

ERINNERE DICH

1 h = 60 min   1 min = 60 s   1 Tag = 24 Stunden

1 Wie spät ist es? Gib jeweils die Vormittagszeit und die Nachmittagszeit an.

a) 
b) 
c) 
d) 
e) 

2 Stelle auf deiner Lernuhr ein. Ein anderes Kind kontrolliert.

a) 5 : 45 Uhr, 8 : 10 Uhr
b) 10 : 50 Uhr, 22 : 35 Uhr
c) 9 : 15 Uhr, 13 : 03 Uhr
d) 7 : 20 Uhr, 21 : 53 Uhr
e) 22 : 22 Uhr, 11 : 11 Uhr

3 Nenne eine Uhrzeit. Ein anderes Kind stellt sie ein, du kontrollierst. Wechselt dann.

4 Berechne die Zeitdauer.

S. 10 / 4

a) 8:30 Uhr —(+ min)→ 9:15 Uhr

a) Unterrichtsstunde
8 : 30 Uhr bis 9 : 15 Uhr
b) Kinofilm
15 : 00 Uhr bis 16 : 30 Uhr
c) Training
14 : 15 Uhr bis 16 : 45 Uhr
d) Mittagessen
12 : 10 Uhr bis 12 : 35 Uhr
e) Zugfahrt
10 : 05 Uhr bis 12 : 55 Uhr
f) nachts schlafen
20 : 15 Uhr bis 6 : 30 Uhr

5 Ben fährt heute um 13 : 30 Uhr mit dem Bus zu seiner Oma.
Bis zur Haltestelle geht er 5 Minuten. Nach 1 Stunde 10 Minuten hält der Bus in dem kleinen Dorf. Nun sind es nur noch 5 Minuten Fußweg zu Bens Oma.
Stelle Fragen, rechne und antworte.

6 Wandle um.

a)	b)	c)	d)
60 min = ☐ h	1 h = ☐ min	1 min = ☐ s	1 min 20 s = ☐ s
240 min = ☐ h	3 h = ☐ min	6 min = ☐ s	3 min 15 s = ☐ s
480 min = ☐ h	9 h = ☐ min	10 min = ☐ s	9 min 40 s = ☐ s
540 min = ☐ h	11 h = ☐ min	12 min = ☐ s	10 min 5 s = ☐ s

Geometrie

1 Richtig oder falsch?

a) Die Strecken $\overline{AB}$ und $\overline{CD}$ sind parallel zueinander.
b) Die Strecke $\overline{EF}$ ist parallel zu den Strecken $\overline{AB}$ und $\overline{CD}$.
c) Es gibt acht rechte Winkel.
d) Die Strecke $\overline{EF}$ ist senkrecht zur Strecke $\overline{CD}$.

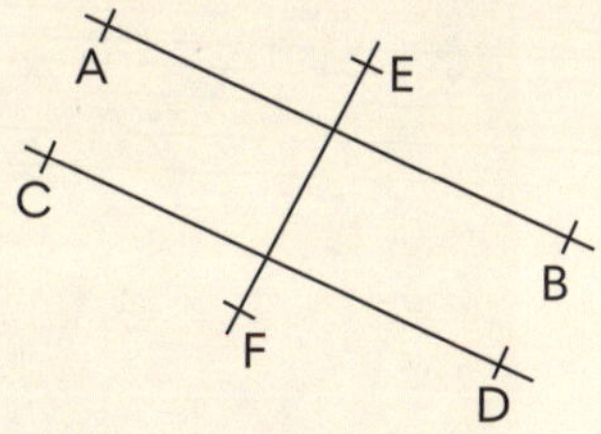

2 Welche Figuren sind Quadrate, Rechtecke oder Parallelogramme? Ordne zu.

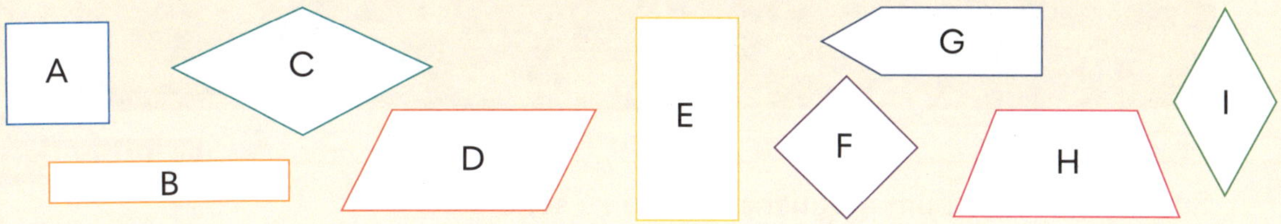

3 a) Gib jeweils den Radius (r) und den Durchmesser (d) an.
b) Zeichne einen Kreis mit r = 2,5 cm
c) Zeichne einen Kreis mit d = 6 cm.

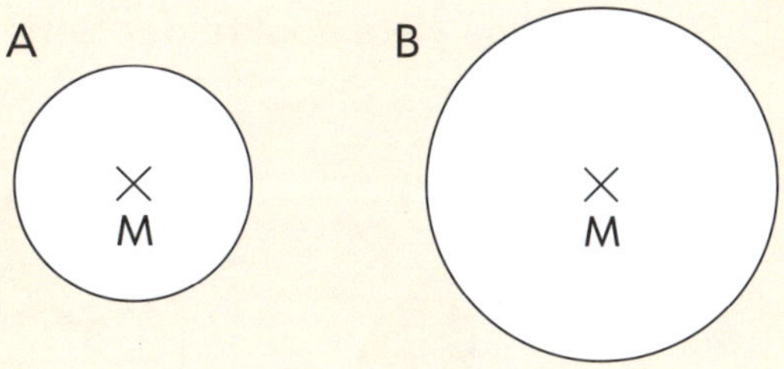

4 Wie heißen die geometrischen Körper?

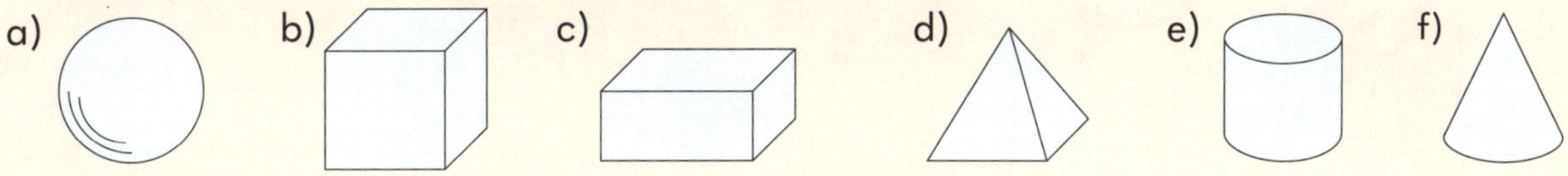

5 Welche Körper können es sein?

6 Zeichne ein Rechteck und ein Quadrat in dein Heft. Zeichne alle Symmetrieachsen ein.

1 bis 4. Begriffe wiederholen
5: Ähnliche Übungen mit Fühlbeuteln durchführen

APP

Schätzen

1 Schätze, wie viele Blätter es sind.

ERINNERE DICH

Strategien helfen, um möglichst genau zu schätzen.

2 Schätze, wie viele Punkte der Schmetterling hat.

3 Schätze die Anzahlen geschickt.

a)

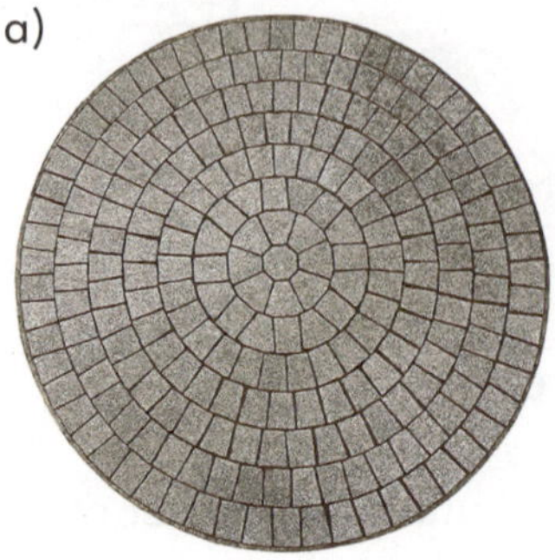

b)

c)

1: Schätzen mithilfe der Gitterstrategie wiederholen
2: Elemente in einem Teilflügel auszählen, auf den Flügel hochrechnen und anschließend Symmetrie nutzen

4 a) Wie viele Nudeln sind in den Gläsern? Schätze geschickt.

b) Vergleicht euer Vorgehen und sprecht darüber.

5 Schätze, wie viele Steine es sind.

6 Fülle Gläser mit verschiedenen Dingen.
Schätze die Anzahlen eines anderen Kindes.

7 Ordne die passenden Zahlangaben zu.

10 | 100 | 1 000 | 10 000

4: Anzahl der Elemente in Gefäßen schätzen über eine Referenzmenge, verdoppeln, halbieren, vierteln

Die Zahlen bis 10 000

1 Lege nach und vervollständige im Heft.

1 Einer	1 Zehner	1 Hunderter	1 Tausender
1 E	1 Z = ▢ E	1 H = ▢ Z	1 T = ▢ H
1	▢	▢	▢

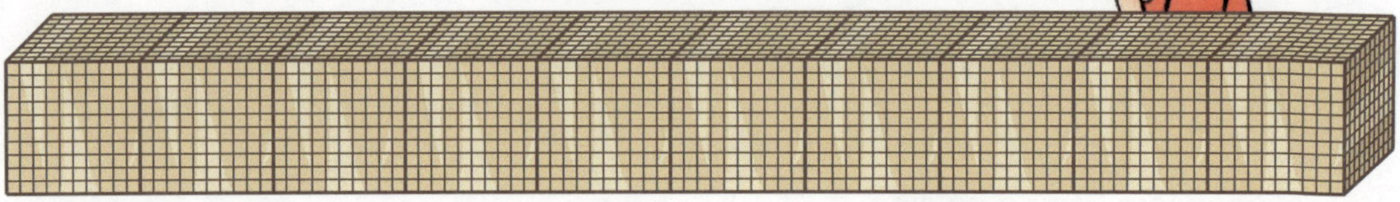

1 Zehntausender   1 ZT = 10 T   10 000

2 Sprecht über die verschiedenen Darstellungen der Zahl.

3 264

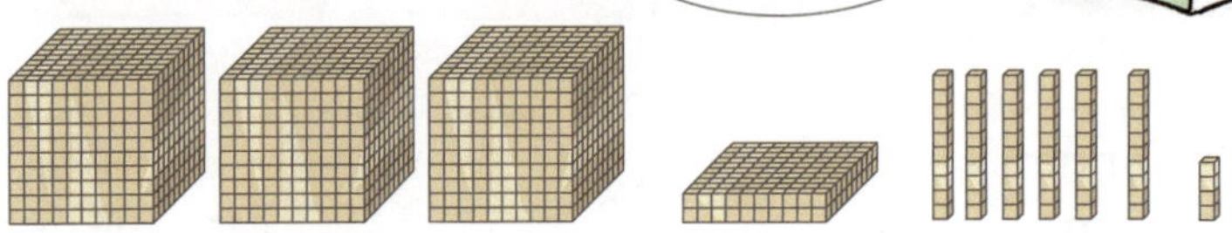

3 T		2 H		6 Z		4 E
3 000	+	200	+	60	+	4

3 Wie heißt die Zahl?

a) 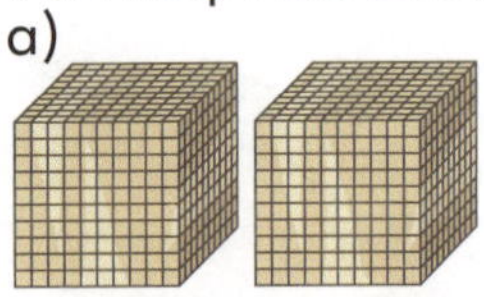

b) 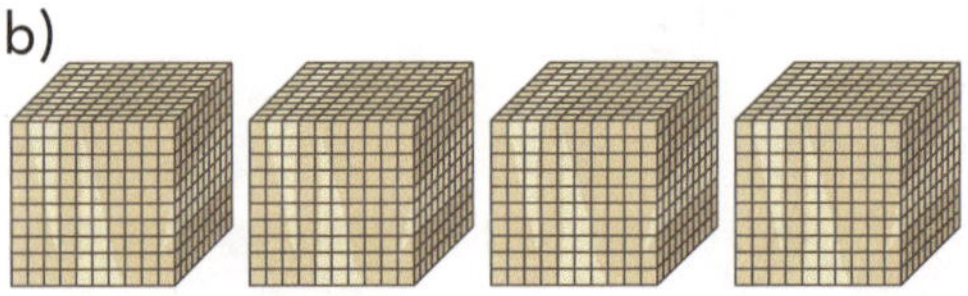

c) 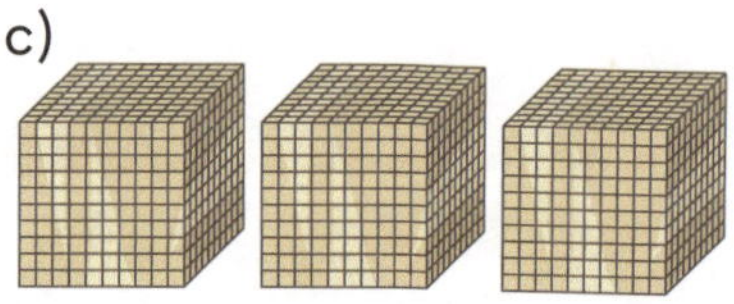

4 Wie heißt die Zahl? Schreibe als Additionsaufgabe.

S. 14 / 4
a) 3 0 0 0 +

a) 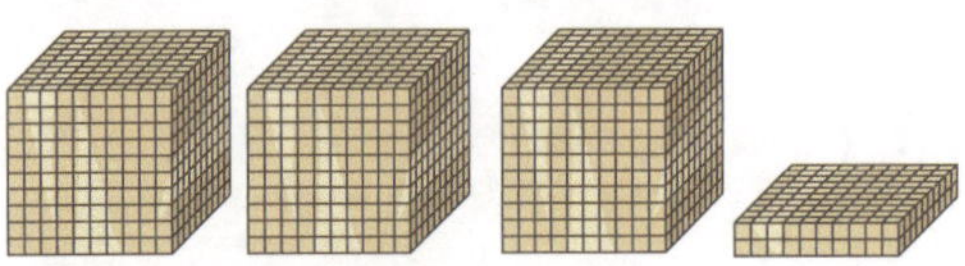

b) 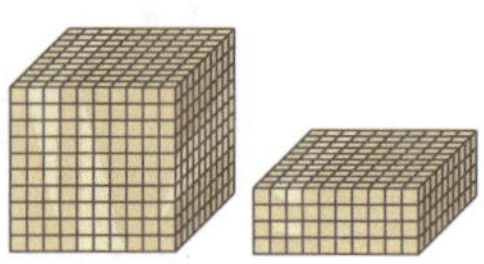

c) 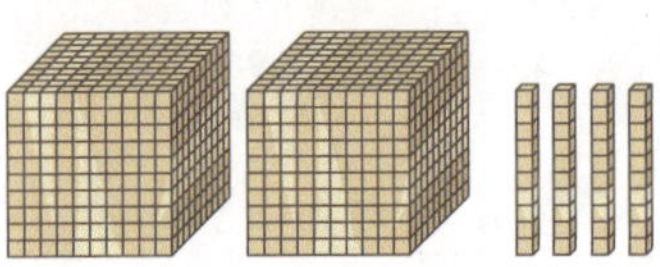

d) 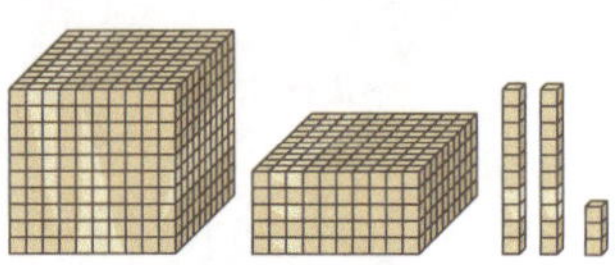

e) 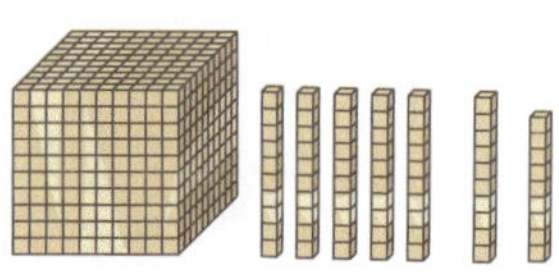

1: Bündelung von Zehner, Hunderter, Tausender, Zehntausender besprechen
2: Zahlenraum bis 10 000 mithilfe verschiedener Darstellungsweisen einführen, Zahlenkarten (Beilage) nutzen

APP

AH S. 6
ÜH S. 7

5 Wie heißt die Zahl? Schreibe als Additionsaufgabe.

a) 5 6 7 8
2 4 6 8
9 8 7 6

b) 2 3 2 3
4 4 4 4
70 8 1

c) 3 20 9
8 10 7
60 30

S. 15 / 5
a) 5 0 0 0 + 6 0 0 +

6 Lege und trage die Zahlen in die Stellenwerttafel ein.

a) 6 T 3 H 5 Z 1 E
8 T 2 H 5 Z 2 E
7 T 4 H 0 Z 7 E

b) 5 Z 2 T 6 E 7 H
3 T 5 E 0 H 2 Z
7 Z 8 T 6 E

c) 4 E 2 T 5 Z
9 E 6 H 4 T 2 Z
7 E 8 H 5 T

7 Berechne die Summen.

a) 3 000 + 200 + 40 + 8
7 000 + 300 + 80 + 9
1 000 + 800 + 70 + 6

b) 9 000 + 200 + 2
5 000 + 30 + 4
9 000 + 200 + 70

c) 1 000 + 200 + 7
4 000 + 20 + 6
7 000 + 9

8 Wie heißt die Zahl?

a)

T	H	Z	E
●●●●●	●●	●	●●●

b)

T	H	Z	E
●●	●●●	●●●●●●	●●●

c)

T	H	Z	E
●●●●●	●●●●●●●	●●	●●●●●

d)

T	H	Z	E
●●●		●●●●	●●●●●●

e)

T	H	Z	E
●●●●	●●●	●●	

f)

T	H	Z	E
●●●●●			●●●●●

g)

T	H	Z	E
●	●●	●●●	●●●●

9 Welche Zahl erhältst du?

T	H	Z	E
●●●	●●	●●●●	●

a) Nimm aus der Tausenderspalte ein Plättchen weg.
b) Nimm aus der Zehnerspalte zwei Plättchen weg.
c) Nimm aus der Hunderterspalte ein Plättchen weg und lege es in die Tausenderspalte.
d) Stellt euch selbst solche Aufgaben.

5 bis 6: Zahlen bis 10 000 in verschiedenen Darstellungsweisen, Zahlenkarten (Beilage) und B-KV 5 nutzen
8 und 9: Zahlen mithilfe von Punkten in einer Stellenwerttafel darstellen

APP

Die Zahlen bis 10 000 – Zahlenstrahl

1

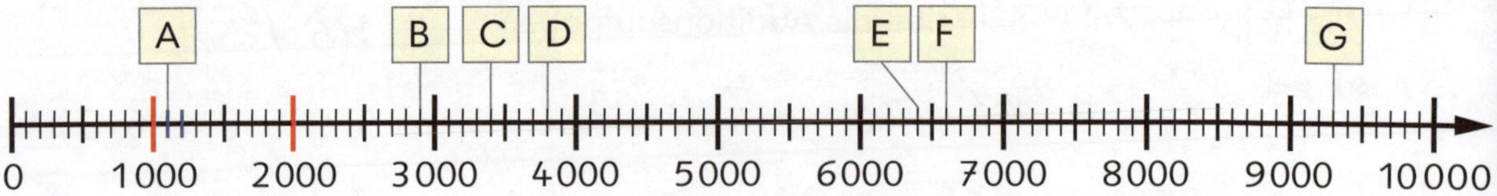

a) Vervollständige: Wenn der Abstand zwischen den roten Strichen ▢ ist,
dann ist der Abstand zwischen den blauen Strichen ▢.

b) Ermittle die Zahlen.

2 Zähle in Hunderterschritten.

a) 1 000, … 2 000
3 400, … 4 200
7 600, … 8 300

b) 6 500, … 5 800
3 600, … 2 900
10 000, … 9 400

c) 3 450, … 3 950
7 430, … 7 930
2 560, … 2 060

3

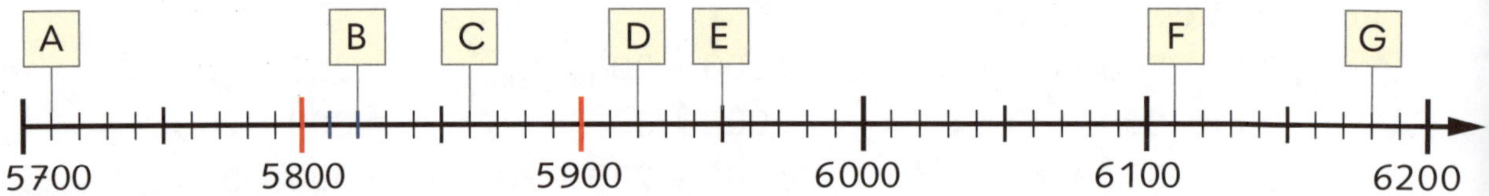

a) Vervollständige: Wenn der Abstand zwischen den roten Strichen ▢ ist,
dann ist der Abstand zwischen den blauen Strichen ▢.

b) Ermittle die Zahlen.

4 Zähle in Zehnerschritten.

a) 2 400, … 2 520
3 500, … 3 570
8 230, … 8 320

b) 7 490, … 7 420
2 360, … 2 280
9 990, … 9 890

c) 3 412, … 3 472
7 543, … 7 593
9 876, … 9 796

5 Finde heraus, wie groß die Abstände zwischen den Strichen sind.
Ermittle die Zahlen.

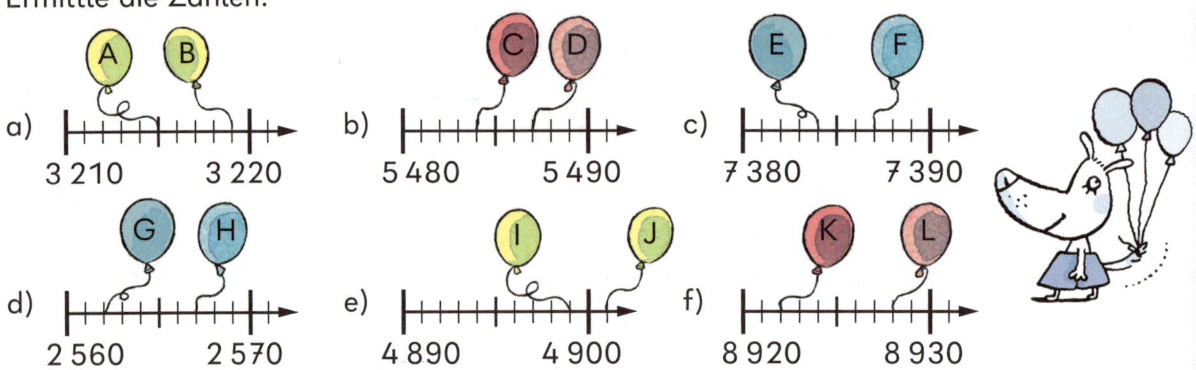

6

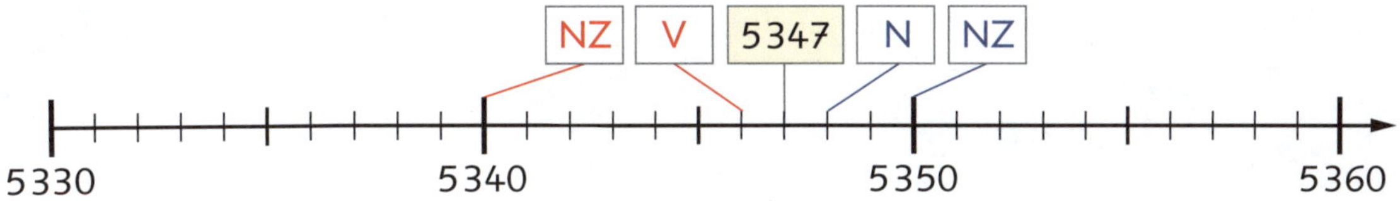

a)

V	Z	N
	5 347	
	5 332	
	5 357	
	5 349	
	5 329	

NZ	Z	NZ
	5 347	
	5 332	
	5 357	
	5 349	
	5 329	

b)

NZ	V	Z	N	NZ
		3 467		
		8 765		
		9 876		
		5 271		
		8 399		

Nachbar**t**ausender – **N**achbar**h**underter – **N**achbar**z**ehner – **V**orgänger/ **N**achfolger

7

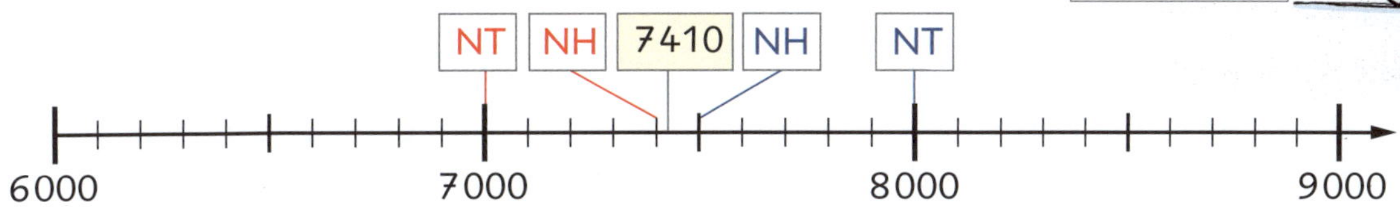

a)

NH	Z	NH
	7 410	
	6 480	
	8 235	
	7 587	
	6 234	

NT	Z	NT
	7 410	
	6 480	
	8 235	
	7 587	
	6 234	

b)

NT	NH	Z	NH	NT
		8 123		
		7 645		
		6 230		
		8 567		
		7 899		

8 Lest euch gegenseitig ein Zahlwort vor und schreibt die Zahl auf.

dreitausendsechsundneunzig · sechstausendzweihundertacht

neuntausenddreihundertzweiundsiebzig · zweitausendeinundachtzig

eintausendsechshundert · siebentausendachthundertvierundzwanzig

9 Schreibe das Zahlwort auf. 3 456 · 7 104 · 2 468 · 4 007

10 Bilde mit den Wortkarten vierstellige Zahlen.

tausend · vier · hundert · fünf · acht · und · zig · neun

6: Nachbarzahlen exemplarisch am Zahlenstrahl erarbeiten, B-KV 6 nutzen
7: Einführung des Begriffs „Nachbartausender"
8 bis 10: Zahlwörter lesen und schreiben, B-KV 7 nutzen

APP

AH S. 7
ÜH S. 8

Vergleichen und Ordnen der Zahlen bis 10 000

1 Vergleiche große Zahlen. Wie gehst du vor?

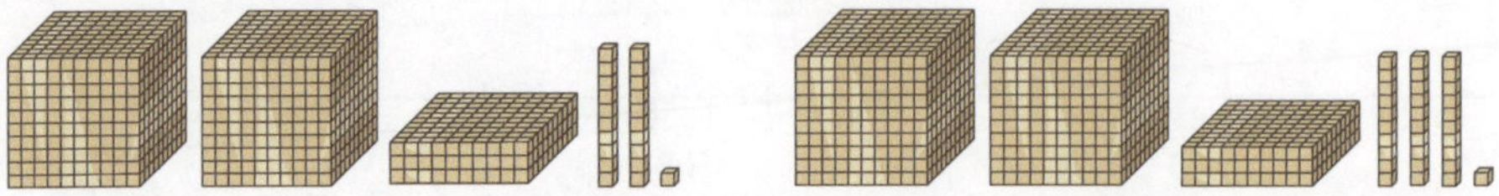

2 321 ○ 2 331

1. Vergleiche zuerst die Tausender.
2. Wenn die Tausender gleich sind, vergleiche die Hunderter.
3. Wenn die Hunderter gleich sind, …

2 Vergleiche: <, >, =.

a)		b)		c)		d)	
1 874 ○	1 876	754 ○	876	5 760 ○	5 728	4 779 ○	285
8 417 ○	8 003	3 521 ○	3 506	1 769 ○	1 851	6 638 ○	6 638
4 525 ○	4 535	3 124 ○	3 137	5 628 ○	5 828	4 465 ○	4 205
8 716 ○	8 159	8 535 ○	853	6 850 ○	6 850	3 519 ○	3 684

3 Vergleiche: <, >, =.

a)
3 456 ○ 3 000 + 400 + 60 + 2
8 243 ○ 8 000 + 100 + 90 + 7
5 892 ○ 5 000 + 800 + 90 + 4
9 876 ○ 9 000 + 200 + 80 + 1

b)
6 000 + 300 + 40 + 7 ○ 6 374
7 000 + 800 + 70 + 8 ○ 7 878
3 000 + 40 + 2 ○ 3 242
2 000 + 300 + 9 ○ 2 390

c)
2 345 ○ 2 T 4 H 6 Z 2 E
5 628 ○ 5 T 7 H 2 Z 5 E
7 631 ○ 7 T 3 H 6 Z 7 E
4 838 ○ 4 T 8 H 3 Z 8 E

d)
1 T 3 H 5 Z ○ 1 035
8 T 2 H 5 Z 4 E ○ 8 245
3 T 4 H 5 Z ○ 3 450
6 T 5 Z 3 E ○ 6 530

4 Ordne die Zahlen.

a) Beginne mit der kleinsten Zahl.

9 756, 7 564, 9 398, 6 326, 10 000, 8 743

198, 2 001, 1 980, 1 572, 1 678, 987

b) Beginne mit der größten Zahl.

6 785, 678, 6 398, 6 376, 5 990, 4 567

3 255, 3 621, 3 279, 3 619, 4 653, 5 399

5 Schreibe sechs Zahlen auf, die du mit diesen Karten bilden kannst. Ordne sie der Größe nach. Beginne mit der kleinsten Zahl.

a) 3 | 2 | 6 | 8

b) 2 | 3 | 4 | 5

c) 8 | 3 | 1 | 0

d) 6 | 7 | 0 | 9

1: Schritte zum Vergleichen vierstelliger Zahlen kennenlernen und anwenden
4: Zahlen nach Vorschrift ordnen
5: Bei Bedarf mit Zahlenkarten (Beilage) arbeiten

APP

AH S. 8
ÜH S. 9

Addieren und Subtrahieren bis 10 000

1 Rechne. Welcher Stellenwert ändert sich?

a) 3 000 + 6
3 000 + 60
3 000 + 600
3 000 + 6 000

b)	c)	d)	e)
2 000 + 7	4 000 + 5	6 200 + 3	3 400 + 5
2 000 + 70	4 000 + 50	6 200 + 30	3 400 + 50
2 000 + 700	4 000 + 500	6 200 + 300	3 400 + 500
2 000 + 7 000	4 000 + 5 000	6 200 + 3 000	3 400 + 5 000

2 a) 4 736 – 1
4 736 – 10
4 736 – 100
4 736 – 1 000

b)	c)	d)	e)
3 687 – 3	4 567 – 3	8 797 – 7	5 643 – 3
3 687 – 30	4 567 – 30	8 797 – 70	5 643 – 30
3 687 – 300	4 567 – 300	8 797 – 700	5 643 – 300
3 687 – 3 000	4 567 – 3 000	8 797 – 7 000	5 643 – 3 000

3 Ergänze zum nächsten Tausender.

a)	b)	c)	d)
6 100 + ☐ = 7 000	780 + ☐	3 470 + ☐	4 580 + ☐
6 400 + ☐ = 7 000	2 780 + ☐	3 240 + ☐	7 670 + ☐
6 800 + ☐ = 7 000	590 + ☐	3 790 + ☐	2 380 + ☐
6 200 + ☐ = 7 000	4 590 + ☐	3 560 + ☐	8 970 + ☐

4

a)	b)	c)	d)
1 000 – 200	1 000 – 80	1 000 – 6	4 000 – 2
7 000 – 400	3 000 – 40	3 000 – 9	8 000 – 300
5 000 – 300	5 000 – 60	7 000 – 4	4 000 – 60

800 920 994 2 960 2 991 3 940 3 998 4 700 4 940 6 600 6 996 7 700

5

a)	b)	c)
5 000 – ☐ = 4 700	7 000 – ☐ = 6 930	3 000 – ☐ = 2 700
5 000 – ☐ = 4 990	7 000 – ☐ = 6 400	6 000 – ☐ = 5 996
5 000 – ☐ = 4 996	7 000 – ☐ = 6 991	7 000 – ☐ = 6 930

6 In der Stadt Ilsenburg im Harz leben 9 905 Menschen. Wie viele Personen müssen dorthin ziehen, damit in Ilsenburg 10 000 Menschen leben?

1 und 2: Einführung der Addition und Subtraktion mithilfe der kleinen Aufgabe, Stellenwert beachten, Zahlenkarten (Beilage) oder Zahlenschieber (Beilage) nutzen

AH S. 9
ÜH S. 10

Römische Zahlen

Vor etwa 2 000 Jahren benutzten die Römer für Zahlen andere Zahlzeichen als heute. Diese römischen Zahlen kann man heute noch finden.

1 Wo hast du solche Zahlzeichen schon gesehen? Erzähle.

2 a) Ordnet den römischen Zahlen auf der Uhr unsere Zahlen zu.

b) Wie werden die Zahlen gebildet? Was stellt ihr fest?

IV	5 − 1 = ▢	IX	10 − 1 = ▢
VI	5 ◯ ▢ = ▢	XI	10 ◯ ▢ = ▢

3 Schreibe alle Zahlen von 13 bis 20 in römischen Zahlen.

4 Schreibe in arabischen Zahlen.

a) XI, XV
b) XX, XXI
c) XIII, XVII
d) XIV, XIX

5 Ordne die römischen Zahlen.

a) Beginne mit der kleinsten Zahl.

VII XVI XIX VIII XIII

b) Beginne mit der größten Zahl.

XIV VIII VII XVII XII

1: Sich über römische Zahlen informieren, in der Umgebung römische Zahlen finden, fotografieren und ausstellen

APP

I	V	X	L	C	D	M
1	5	10	50	100	500	1 000

6 Schreibe in arabischen Zahlen.

a) DC
LX
MD
CL

b) CCL
CLI
LXX
LXV

c) MDC
MCX
DXX
CXI

d) MCC
DCC
DLI
MXV

7 Schreibe in arabischen Zahlen.

a) CD
XC
CM

b) LIV
DXC
CDI

c) MDC
CIX
XIX

d) LXIX
XLIV
MXLI

8 Immer zwei Karten passen zusammen. Ordne zu.

XXVI	CCXII	MCCC	CCCIV	MMCI	DCXV	CLXI
212	304	26	615	1 300	161	2 101

9 Schreibe in römischen Zahlen.

a) 120
204
612

b) 1 505
2 020
240

c) 570
1 250
2 009

d) 901
450
1 111

10 a) Nenne eine Zahl. Ein anderes Kind schreibt sie in römischen Zahlen.
b) Schreibe fünf römische Zahlen auf. Ein anderes Kind schreibt sie in arabischen Zahlen.
c) Schreibt euer Geburtsdatum in römischen Zahlen auf.

11 Berichtige die Aufgaben.
a) XII + V = XIX
Lege zwei Stäbchen so dazu, dass die Aufgabe stimmt.
b) XXXIV – VIII = XXVIII
Nimm zwei Stäbchen so weg, dass die Aufgabe stimmt.

11: Bei Bedarf Gleichungen mit Stäbchen nachlegen

Die Zahlen bis 100 000

1 a) Leo und Klara legen große Zahlen mit Zehntausenderstangen. Welche sind es?
b) Vervollständige die Tabelle.

Anzahl der Stangen	Anzahl der Würfel
1	10 000
2	
3	

2

Hunderttausender	Zehntausender	Tausender	Hunderter	Zehner	Einer
100 000	10 000	1 000	100	10	1
1 HT = ☐ ZT	1 ZT = ☐ T	1 T = ☐ H	1 H = ☐ Z	1 Z = ☐ E	1 E

3 Lege mit Zahlenkarten.
Schreibe als Additionsaufgabe.

a) 31 000
54 000
63 700

b) 80 630
42 963
57 204

c) 70 012
33 433
80 406

4 Lege und trage die Zahlen in die Stellenwerttafel ein.

a) 2 ZT 8 T 5 H 6 Z 2 E
5 ZT 6 T 3 H 2 Z 1 E
7 ZT 1 T 2 H 3 Z 8 E

b) 2 ZT 4 T 6 Z 5 E
8 ZT 7 H 8 Z 1 E
4 ZT 6 T 5 H 2 Z

c) 1 ZT 5 T 4 H 0 Z 3 E
6 ZT 1 T 9 H 5 Z 1 E
3 ZT 0 T 9 H 1 Z 7 E

d) 4 H 2 Z 3 ZT 3 T 1 E
7 T 2 H 1 E 8 ZT 8 Z
9 T 6 ZT 2 H 8 E

5 Lest euch gegenseitig die Zahlen vor.

a) 58 562
89 768
12 143
45 234

b) 23 034
50 598
41 506
23 232

c) 99 999
90 008
81 601
60 200

Die Zahlen bis 100 000 – Zahlenstrahl

1

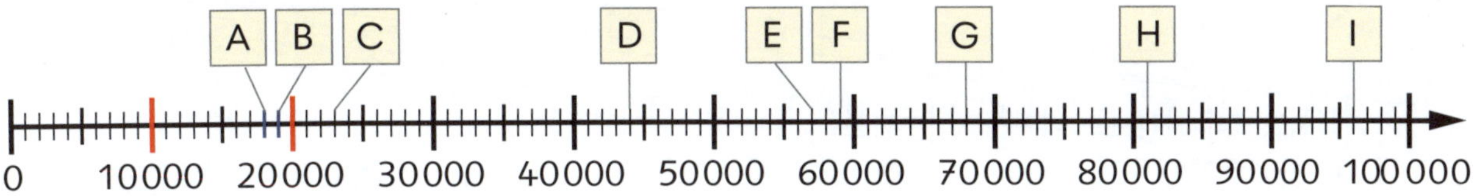

a) Vervollständige: Wenn der Abstand zwischen den roten Strichen ___ ist, dann ist der Abstand zwischen den blauen Strichen ___ .

b) Ermittle die Zahlen.

2 Zähle in Tausenderschritten.

a) 23 000, ... 32 000
46 000, ... 52 000
56 700, ... 61 700
87 640, ... 95 640

b) 78 000, ... 32 000
91 000, ... 52 000
23 500, ... 17 500
71 780, ... 65 780

3

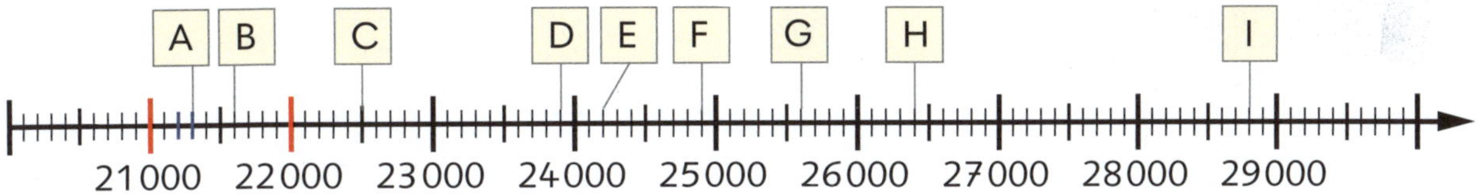

a) Vervollständige: Wenn der Abstand zwischen den roten Strichen ___ ist, dann ist der Abstand zwischen den blauen Strichen ___ .

b) Ermittle die Zahlen.

4 Zähle in Hunderterschritten.

a) 45 600, ... 46 300
78 900, ... 79 400
34 520, ... 35 120
14 990, ... 15 290

b) 34 500, ... 34 000
56 300, ... 55 900
47 450, ... 46 850
21 210, ... 20 710

5 Ordne die Zahlen dem passenden Buchstaben zu.

31 905 | 31 230 | 31 900 | 31 270 | 31 906 | 31 300

a)

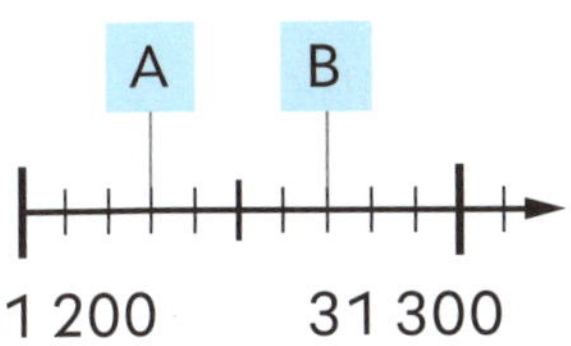

b)

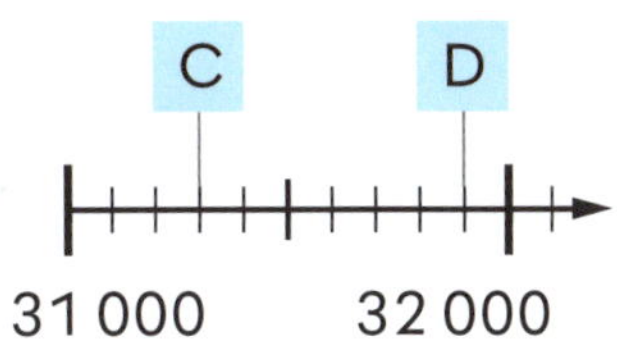

c)

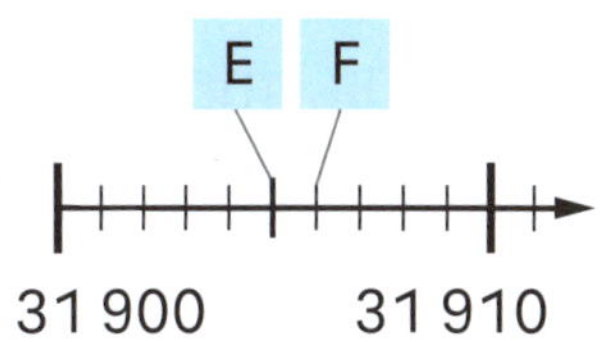

1 und 3: Zahlen am Zahlenstrahl ablesen und unterschiedliche Skalierungen zwischen Zahlenstrahlen beachten
2 und 4: Zählen in Schritten, vorwärts und rückwärts, bei Bedarf Zahlenstrahl (Beilage) nutzen

Die Zahlen bis 100 0000 – Nachbarzahlen

1

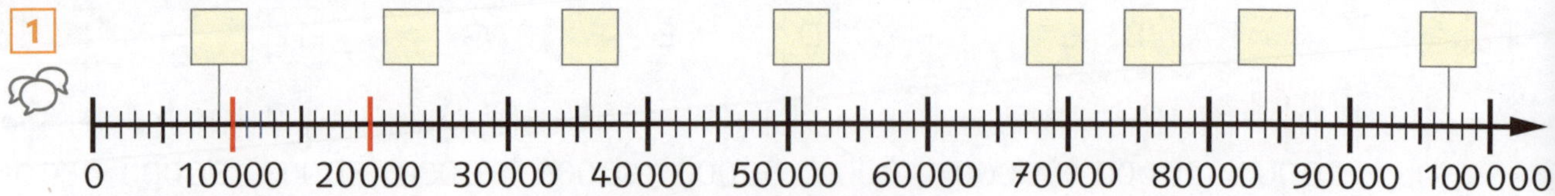

a) Ermittle die Zahlen und trage sie in die Tabelle ein.
b) Zwischen welchen Zehntausendern liegen die Zahlen?

Nachbar-zehntausender	Zahl	Nachbar-zehntausender
	9 000	

2 Bestimme die Nachbarzahlen.

a)

NT	Z	NT
	75 234	
	89 346	
	43 689	
	67 645	
	52 708	

b)

NH	Z	NH
	62 345	
	54 287	
	75 478	
	98 657	
	34 571	

c)

NZ	Z	NZ
	34 567	
	26 435	
	73 888	
	81 645	
	90 767	

d)

V	Z	N
	12 546	
	86 868	
	77 334	
	43 999	
	62 000	

3 Lege eine Tabelle im Heft an.
Schreibe alle Zahlen in die Spalte Zahl.
Bestimme alle Nachbarzahlen.

43 651	71 284	12 457	31 264
72 456	56 438	43 951	67 85

4 a) Lege mit diesen Ziffernkarten die kleinstmögliche und die größtmögliche Zahl. Schreibe sie auf.
b) Schreibe zu jeder Zahl das Zahlwort auf.
c) Bestimme zu jeder Zahl die Nachbarzehntausender und die Nachbartausender.

2 7 3 5 4

5 a) Ergänze zum nächsten Tausender.

56 400 + ☐ = 57 000
34 800 + ☐ = ☐
65 780 + ☐ = ☐
23 790 + ☐ = ☐

b) Ergänze zum nächsten Zehntausender.

45 000 + ☐ = 50 000
23 000 + ☐ = ☐
68 200 + ☐ = ☐
26 400 + ☐ = ☐

1: Nachbarzahlen am Zahlenstrahl ablesen und in Tabelle eintragen (B-KV 6 nutzen), Begriff „Nachbarzehntausender“ einführen
4: Bei Bedarf mit Zahlenkarten (Beilage) arbeiten

APP

AH S. 12
ÜH S. 12

Vergleichen und Ordnen der Zahlen bis 100 000

1 Vergleiche: <, >, =.

a)
65 316 ● 65 320
36 053 ● 35 053
21 758 ● 21 842
16 153 ● 68 329

b)
78 458 ● 78 452
84 207 ● 84 010
3 580 ● 10 391
24 783 ● 24 783

c)
24 034 ● 24 039
22 221 ● 6 375
31 031 ● 17 859
638 ● 56 624

2 Ordne die Zahlen.

a) Beginne mit der kleinsten Zahl.

9 256 19 398 99 000 87 534 46 326 18 323

23 198 51 380 23 678 23 001 51 572 9 870

b) Beginne mit der größten Zahl.

67 385 67 398 65 990 6 738 68 376 46 567

43 295 46 279 43 653 39 621 42 295 5 366

3 Das sind die durchschnittlichen Besuchszahlen für das Fußballstadion in Magdeburg.

Saison	Anzahl der Fans pro Spiel
2018/2019	20 225
2019/2020	11 531
2020/2021	963
2021/2022	16 572
2022/2023	22 602
2023/2024	24 108

a) Ordne die Besuchszahlen der Größe nach. Beginne mit der kleinsten Zahl.
b) In welcher Saison gab es die wenigsten Fans?
c) Wann gab es durchschnittlich mehr als 20 000 Fans pro Spiel?

4 a) Löse die Zahlenrätsel.
b) Ordne die Zahlen der Größe nach, beginne mit der größten Zahl.

Meine Zahl liegt genau zwischen 0 und 40 000.

Meine Zahl ist der Vorgänger der größten fünfstelligen Zahl.

Meine Zahl ist die kleinste fünfstellige Zahl.

1: Schritte zum Vergleichen vierstelliger Zahlen wiederholen und auf den größeren Zahlenraum anwenden
2 und 3: Zahlen nach Vorschrift ordnen

Näherungswerte – Runden

1

MERKE DIR

Rundungsregeln:

Zahlen können abgerundet werden.
Bei 0, 1, 2, 3, 4 wird abgerundet.

Zahlen können aufgerundet werden.
Bei 5, 6, 7, 8, 9 wird aufgerundet.

Schreibe: 8 674 ≈ 9 000
Sprich: 8 674 ist gerundet 9 000
(8 674 ist angenähert an 9 000)

2 Runde auf Vielfache von 1 000.

a)	b)	c)
6 734	35 389	8 456
8 467	87 799	23 741
9 645	55 555	789
1 023	40 867	99 999

S. 26 / 2
a) 6 7 3 4 ≈ 7 0 0 0

3 Runde auf Vielfache von 100.

a)	b)	c)	d)	e)
3 456	67 845	567	924	1 673
9 873	26 421	24 512	7 892	17 306
6 789	89 534	99	102	46 789
7 239	51 356	7 777	56 723	99

4 Die Kinder haben die Anzahlen ihrer Schritte einer Woche notiert.

a) Rundet auf Vielfache von 10 000.
b) Ordnet die gerundeten und ungerundeten Anzahlen der Größe nach. Beginnt mit der kleinsten Zahl. Was fällt euch auf?
c) Auf welche Vielfache würdet ihr diese Zahlen runden?

Name	Schritte
Amir	48 265
Anna	64 923
Ben	57 015
Leo	65 661
Lisa	36 652
Max	38 976
Mila	54 359

1: Rundungsregeln erarbeiten: die Stelle, auf die gerundet wird mit Punkt markieren, anschließend nächstfolgende Stelle unterstreichen, auf die die Rundungsregeln angewandt werden, Zahlenstrahl (Beilage) nutzen
2 und 3: Auf Vielfache runden, Stellenwert markieren

APP

AH S. 13
ÜH S. 14

5 Runde die Zahlen auf die angegebenen Stellen.

a)

	gerundet auf Vielfache von		
Zahl	ZT	T	H
78 234			
45 723			
54 345			
8 888			

b)

	gerundet auf Vielfache von		
Zahl	T	H	Z
8 976			
789			
54 371			
26 876			

6 Finde sinnvolle Rundungswerte.

In der Grundschule lernen 167 Kinder.

Das Handballspiel sahen 6 496 Zuschauer.

Die Stadt Stendal hat 41 567 Einwohner.

Mein Schulweg ist 1 765 m lang.

7 a) Welches Stadion hat die meisten und welches die wenigsten Plätze?

b) Ordne die Anzahl der Sitzplätze dem richtigen Stadion zu.

51 500 | 69 250 | 74 475 | 81 365 | 62 271

c) Runde die Anzahl der Sitzplätze auf Vielfache von 1 000.

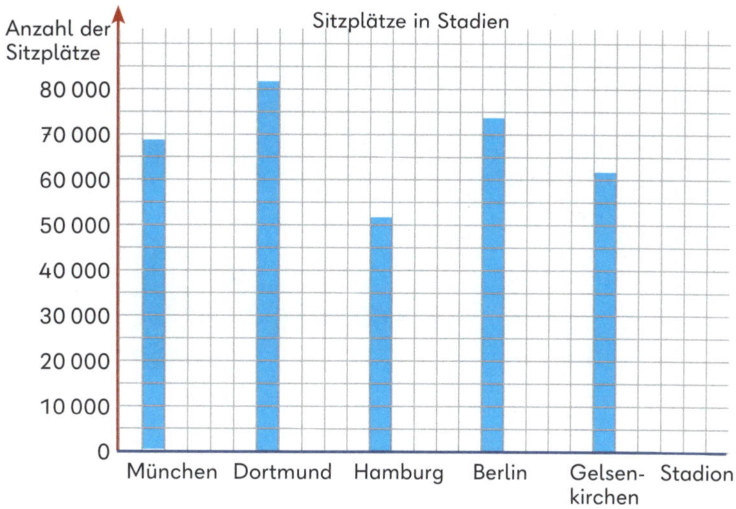

8 Entscheidet, ob gerundete oder genaue Zahlen verwendet werden sollten. Begründet.

Die Stadt Schwerin hat 95 818 Einwohner.

Ben ist 1,38 m groß.

Auf einem Stadtfest waren 7 634 Menschen.

Für das Rezept brauche ich 185 g Mehl.

Die Fahrt mit dem Zug dauert 2 Stunden und 56 Minuten.

5: Zahlen auf verschiedene Vielfache runden
6 und 8: Über sinnvolles Runden sprechen
7: Gerundete Zahlen aus Diagramm ablesen und ungerundeten Zahlen zuordnen

APP

Die Zahlen bis 1 000 000

1 Leo legt Einhunderttausenderplatten übereinander. Vervollständige die Tabelle.

Anzahl der Platten	Anzahl der Würfel
1	100 000
2	
3	

2

Million	Hundert-tausender	Zehn-tausender	Tausender	Hunderter	Zehner	Einer
1 000 000	100 000	10 000	1 000	100	10	1
1 M = ___ HT	1 HT = ___ ZT	1 ZT = ___ T	1 T = ___ H	1 H = ___ Z	1 Z = ___ E	1 E

3 Stelle die Zahlen am Zahlenschieber ein. Schreibe als Additionsaufgabe.

a) 421 000
586 000
234 500

b) 876 234
545 281
405 216

c) 908 703
34 506
12 043

d) 65 899
600 056
82 009

4 Trage in die Stellenwerttafel ein.

a) 2 HT 3 ZT 8 T 4 H 1 Z 2 E
3 HT 7 ZT 6 T 6 H 4 Z 9 E
9 HT 9 ZT 1 T 0 H 2 Z 4 E

b) 7 HT 1 ZT 0 T 5 H 0 Z 1 E
4 HT 5 ZT 2 T 9 H 7 Z 3 E
6 HT 4 ZT 1 T 9 H 3 H 0 E

5 Lest euch gegenseitig die Zahlen vor.

a) 238 412
976 432
367 649
143 785

b) 120 543
605 432
390 517
203 270

c) 999 999
700 543
899 400
601 307

1: Aufbau des Zahlenraums in Hunderttausenderschritten mit Legematerial erarbeiten
2: Bündelung besprechen 3: Zahlenschieber (Beilage) nutzen
4: B-KV 5 nutzen 5: Sprechweise großer Zahlen üben, Strategie: Lücke nutzen

APP

AH S. 14
ÜH S. 15

6 Finde heraus, wie groß die Abstände zwischen den Strichen sind.
Ermittle die Zahlen.

a)

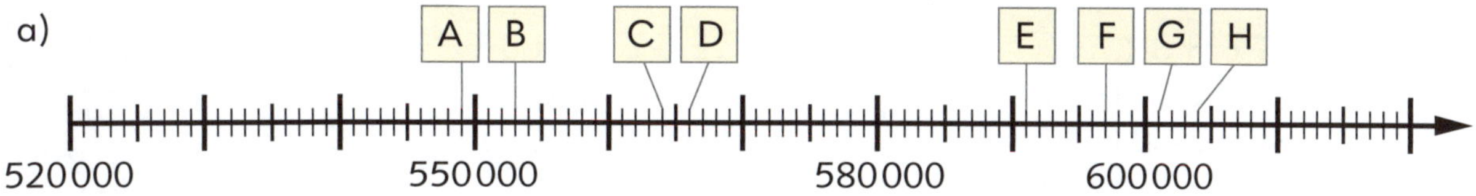

b)

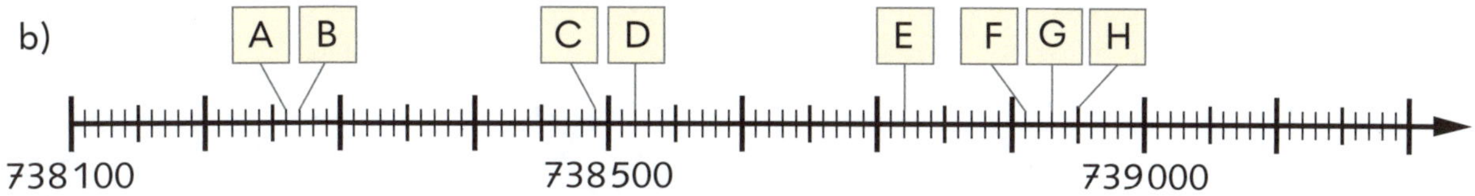

7 Zähle in Schritten.

Hunderttausenderschritte	Zehntausenderschritte	Tausenderschritte
200 000, … 600 000	540 000, … 600 000	456 000, … 463 000
800 000, … 300 000	383 000, … 433 000	745 300, … 739 500
560 000, … 960 000	461 000, … 411 020	402 400, … 398 400

8

a)

NHT	Z	NHT
	256 000	
	641 100	
	456 789	

b)

NZT	Z	NZT
	559 259	
	348 411	
	782 710	

c)

V	Z	N
	399 999	
	256 879	
	800 000	

9 Vergleiche: <, >, =.

a) 300 433 ○ 300 434
504 558 ○ 504 558
352 671 ○ 73 773
153 564 ○ 151 551

b) 261 877 ○ 261 880
744 381 ○ 744 381
455 540 ○ 457 080
375 304 ○ 302 869

c) 403 409 ○ 401 338
365 106 ○ 310 372
151169 ○ 151 183
27 611 ○ 31 520

10 Ordne die Zahlen.

a) Beginne mit der kleinsten Zahl.

414 326 19 398 99 000
109 423 356 200 32 489

b) Beginne mit der größten Zahl.

23 198 346 279 270 899
39 621 242 295 453 266

11 Runde auf Vielfache

a) von 100 000.

356 271 386 233 121 344

b) von 10 000.

456 111 320 989 685 999

BIST DU FIT?

1 Wie heißen die Zahlen?

a) 7 ZT 8 H 3 Z 4 E
9 HT 2 ZT 1 H 5 Z 7 E
6 HT 5 ZT 0 H 2 Z 9 E

b) 5 E 5 ZT 7 H 6 T 2 Z
6 H 8 Z 7 HT 1 E 2 ZT 3 T
3 HT 4 E 9 ZT 2 T 1 H 4 Z

2 Vergleiche: <, >, =.

a) 34 523 ○ 43 235
15 478 ○ 5 478
45 001 ○ 54 001

b) 231 766 ○ 321 677
601 555 ○ 601 555
76 309 ○ 76 999

c) 456 290 ○ 4 ZT 8 T 3 E
89 571 ○ 8 ZT 7 T 6 Z
502 300 ○ 5 HT 3 T 2 H

d) 7 ZT 3 T ○ 7 030
6 HT 2 E ○ 60 060
4 HT 5 T 4 Z 5 E ○ 45 454

3 Bestimme die Nachbarzahlen.

NHT	NZT	NT	V	Zahl	N	NT	NZT	NHT
				345 233				
				407 899				
				799 999				
				987 200				

4 a) Ergänze zum nächsten Tausender.

78 500 + □ = 79 000
92 700 + □ = □
45 690 + □ = □
13 460 + □ = □

b) Ergänze zum nächsten Zehntausender.

123 000 + □ = 130 000
567 000 + □ = □
345 700 + □ = □
786 900 + □ = □

5 a) Schreibe in arabischen Zahlen.
IX XVII XI MCC CL MD

b) Schreibe in römischen Zahlen.
26 221 11 304 1 300 615

6 Runde auf Vielfache

a) von 10 000.
56 789
127 322
729 200
85 555

b) von 1 000.
3 514
56 234
623 299
239 489

c) von 100.
2 378
34 567
71 099
130 490

Zahlen-Bingo

Jeder wählt sein Bingofeld und stellt sich auf sein Startfeld.
Würfelt abwechselnd, rückt vor und sucht die römische Zahl als arabische Zahl auf eurem Bingofeld. Deckt sie ab.

Wer ruft zuerst Bingo?

Oberste Reihe (Start rechts): LX | MCC | VIII | MC | XV | IV | XC | XII — Start

Rechte Spalte (von oben nach unten): CC | VIII | XIX | XV | III | CXI | XX | IV | DXX | MCC | MD | CL

Linke Spalte (von oben nach unten): III | CXI | MD | CC | VII | XX | CD | DXX | XIX | II | C | IX

Unterste Reihe (Start links): Start — II | IX | MC | VII | XII | LX | CD | XC

2	15	4	200
20	150	520	15
8	400	19	7
90	3	111	60

400	3	150	200
111	520	90	7
19	15	20	2
60	8	4	15

Parallelen, Senkrechte und rechte Winkel

ERINNERE DICH

Die Geraden g und h sind **parallel zueinander**. Der Abstand zwischen den Geraden bleibt immer gleich.

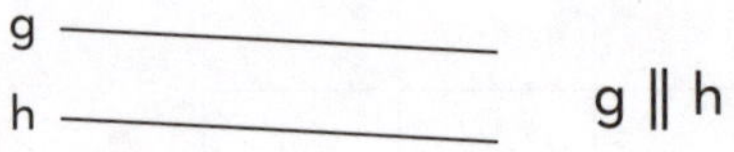

Die Gerade g und die Gerade h sind **senkrecht zueinander**. Sie bilden vier **rechte Winkel** ⊾.

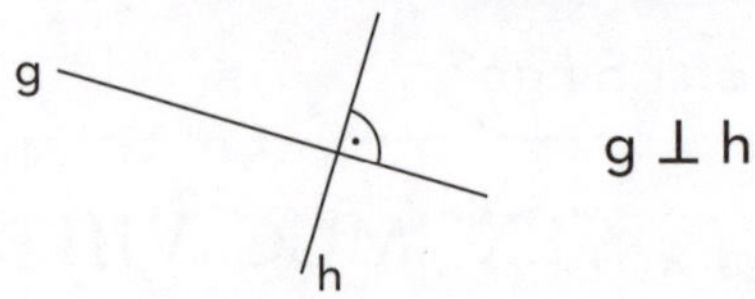

1 Beschreibe die Lage der Strecken.

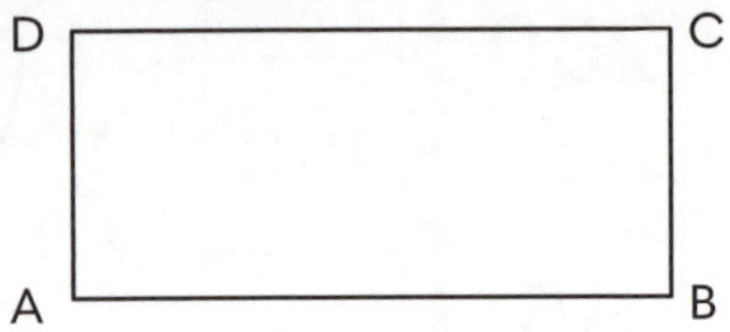

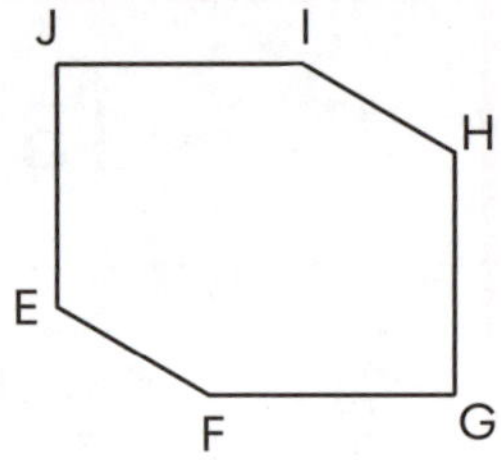

2 Prüfe mit dem Geodreieck.
Welche Strecken sind parallel, welche senkrecht zueinander?

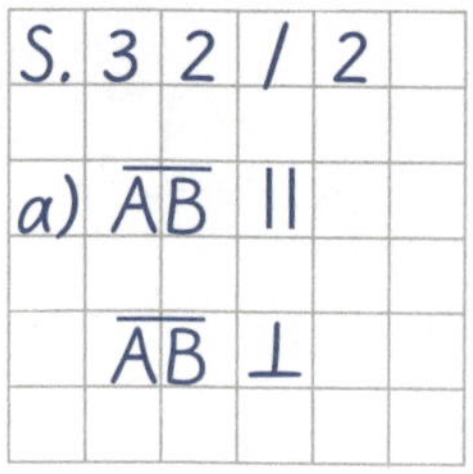

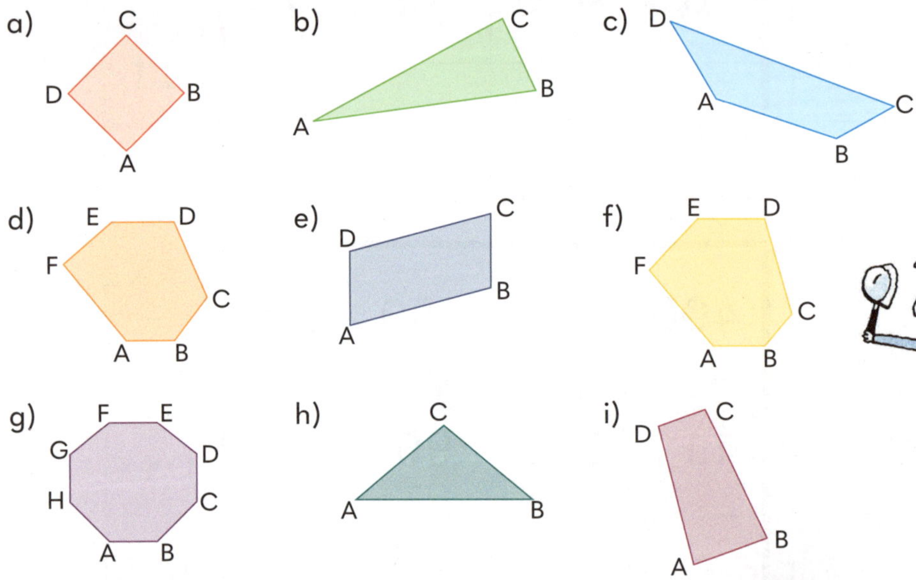

3 Zeichne jeweils zwei Geraden und bezeichne sie.

a) Sie schneiden sich.
b) Sie sind parallel zueinander.
c) Sie sind senkrecht zueinander.

4 Zeichne Figuren mit zueinander parallelen Linien und rechten Winkeln.

1 und 2: Begriffe „parallel zueinander", „senkrecht zueinander" und „rechter Winkel" sowie das Prüfen auf Parallelität und auf rechte Winkel wiederholen

APP

AH S. 16
ÜH S. 17

5 Zeichne zueinander parallele Geraden im Abstand von

a) 2 cm b) 1 cm 5 mm c) 3 cm 7 mm d) 2,8 cm e) 3,2 cm

6 Zeichne zueinander parallele Strecken im Abstand von 2 cm.

a) $\overline{AB}$ = 5 cm 5 mm und $\overline{CD}$ = 4 cm 5 mm b) $\overline{EF}$ = 6,3 cm und $\overline{GH}$ = 4,4 cm

7 Sind die blauen Geraden zueinander parallel? Prüfe mit dem Geodreieck.

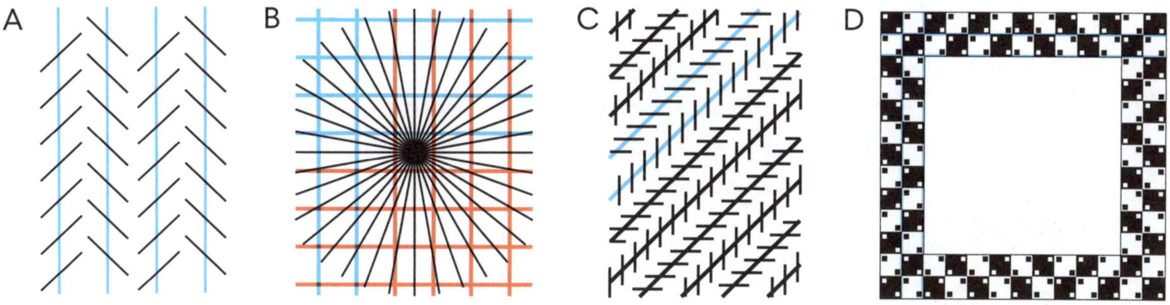

8 a) Zeichne eine Strecke $\overline{AB}$ = 7,2 cm.
Zeichne eine Gerade g, die senkrecht zu der Strecke $\overline{AB}$ verläuft.

b) Zeichne eine Strecke $\overline{CD}$ = 8,7 cm. Zeichne eine Gerade h, die senkrecht zu der Strecke $\overline{CD}$ und durch den Punkt D verläuft.

c) Zeichne eine Strecke $\overline{EF}$ = 9,4 cm. Zeichne eine Gerade p, die senkrecht zu der Strecke $\overline{EF}$ und durch den Punkt E verläuft.

d) Zeichne eine Strecke $\overline{GH}$ = 5,5 cm. Zeichne eine Strecke $\overline{HI}$ = 5,5 cm, die senkrecht zur Strecke $\overline{GH}$ verläuft. Verbinde die Punkte G und I.
Welche Figur entsteht? Miss die Länge der Strecke $\overline{GI}$.

9 Zeichne zwei zueinander parallele Geraden.
Zeichne zwei Geraden, die senkrecht zu ihnen verlaufen. Welche Figur entsteht?

10 a) Zeichne. Vergleiche mit einem anderen Kind.

Zeichne zwei Geraden a und b, die parallel zueinander sind. Die Gerade c schneidet beide Geraden.	Zeichne zwei Geraden, die senkrecht zueinander sind. Eine dritte Gerade schneidet beide Geraden. Welche Figur entsteht?	Zeichne zwei Geraden, die parallel zueinander sind. Eine dritte Gerade schneidet beide Geraden, so dass rechte Winkel entstehen.

b) Stellt euch Aufgaben mit vier Geraden.

5 bis 10: Geraden und Strecken zeichnen, die zueinander parallel oder senkrecht sind
7: Erkenntnis gewinnen, dass bei optischen Täuschungen die Parallelität nicht auf den ersten Blick erkennbar ist

Dreiecke, Rechtecke und Quadrate

1 a) Welche Eigenschaften haben Dreiecke?
b) Welche Eigenschaften haben Rechtecke und Quadrate?

parallel zueinander | gleich lang | Seiten | rechte Winkel | Eckpunkte | senkrecht zueinander

2 Zeichne mit dem Geodreieck. Welche Figur entsteht?

a) Zeichne eine Gerade f und lege die Punkte F und G fest.
Zeichne eine Gerade h, die senkrecht zur Strecke $\overline{FG}$ verläuft.
Lege auf der Geraden h einen Punkt H fest. Verbinde die Punkte G und H.

b) Zeichne eine Strecke $\overline{AB}$ = 5,5 cm.
Zeichne eine Strecke $\overline{AD}$ = 2,5 cm, die senkrecht zur Strecke $\overline{AB}$ ist.
Zeichne eine Strecke $\overline{BC}$ = 2,5 cm, die senkrecht zur Strecke $\overline{AB}$ ist.
Verbinde die Punkte C und D.

c) Zeichne eine Strecke $\overline{MN}$ = 3 cm.
Zeichne eine Strecke $\overline{MP}$ = 3 cm, die senkrecht zu $\overline{MN}$ ist.
Zeichne parallel zur Strecke $\overline{MP}$ eine Stecke $\overline{NO}$ = 3 cm im Abstand von 3 cm.
Verbinde die Punkte P und O.

3 Anna zeichnet ein Quadrat. Beschreibe.

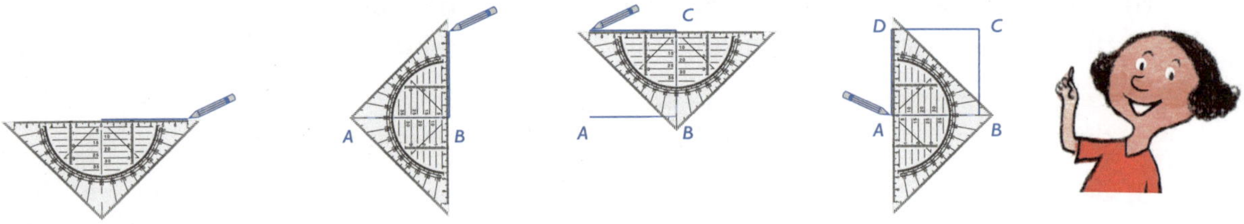

4 Zeichne mit dem Geodreieck

a) Quadrate mit den Seitenlängen
$\overline{AB}$ = 5,7 cm
$\overline{AB}$ = 4,2 cm

b) Rechtecke mit den Seitenlängen
$\overline{AB}$ = 5,5 cm und $\overline{BC}$ = 6,8 cm
$\overline{AB}$ = 4,3 cm und $\overline{BC}$ = 2,7 cm

5 Wer hat recht? Begründe.

1: Eigenschaften überprüfen 2: Differenzierung: Eigene Zeichendiktate schreiben
3 und 4: Schrittfolge für das Zeichnen eines Quadrats/Rechtecks wiederholen
5: Zusammenhänge der Vierecke erkennen: Jedes Quadrat ist ein besonderes Rechteck.

APP
AH S. 17
ÜH S. 18

Parallelogramme und Trapeze

ERINNERE DICH

Ein **Parallelogramm** ist ein Viereck. Die gegenüberliegenden Seiten sind **parallel zueinander** und **gleich lang**.

1 Zeichne mit dem Geodreieck Parallelogramme mit den Seitenlängen

$\overline{AB}$ = 6 cm und $\overline{BC}$ = 3 cm

$\overline{AB}$ = 4,2 cm und $\overline{BC}$ = 7,1 cm

$\overline{AB}$ = 74 mm und $\overline{BC}$ = 28 mm

$\overline{AB}$ = 58 mm und $\overline{BC}$ = 37 mm

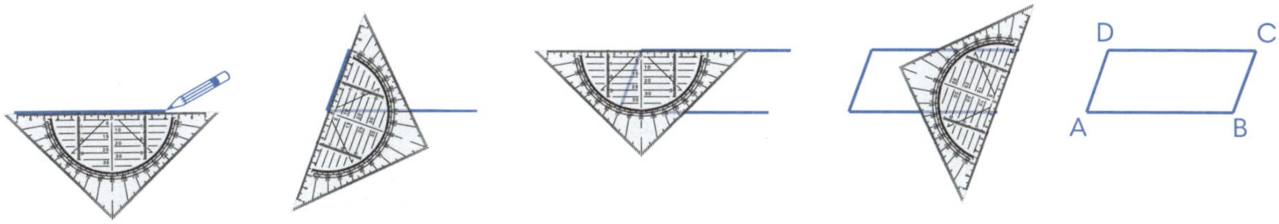

2 

Gebäude von Portello Park in Mailand Stadt

Dieses Gebäude steht in Mailand.
Die Seitenfläche hat die Form eines **Trapezes**.

MERKE DIR

Ein **Trapez** ist ein Viereck. **Zwei gegenüberliegende Seiten** sind **parallel zueinander**.

3 Welche Figuren sind Trapeze?
Überprüfe mit dem Geodreieck. Begründe.

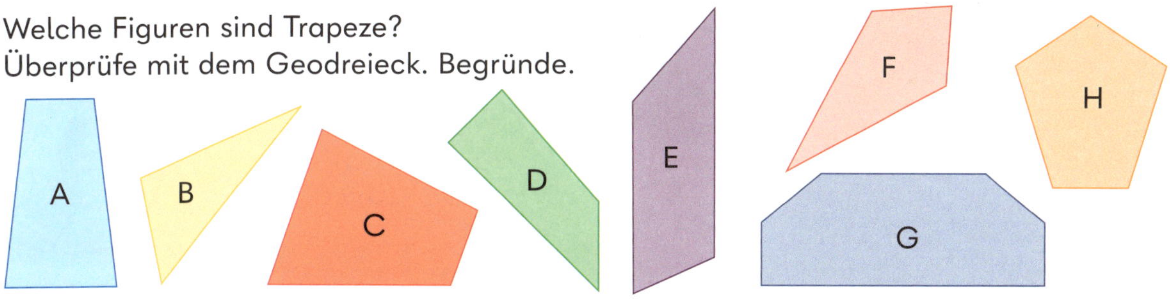

4 Zeichne verschiedene Trapeze mit dem Geodreieck.

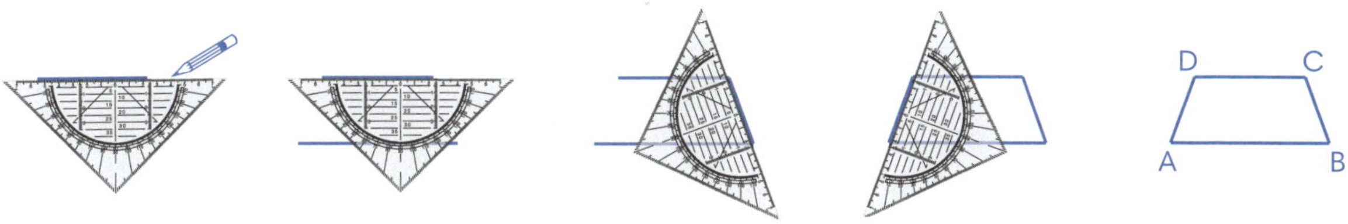

1: Begriff „Parallelogramm“, seine Eigenschaften sowie Schrittfolge zum Zeichnen wiederholen
2 und 3: Begriff „Trapez“ einführen, Eigenschaften besprechen und überprüfen
4: Schrittfolge zum Zeichnen von Trapezen besprechen

APP

AH S. 18
ÜH S. 19

Systematisierung der Vierecke

1 Max und Mila haben Vierecke und ihre Eigenschaften angeordnet.
Beschreibe die Zusammenhänge.

Vierecke	Trapeze	Parallelogramme	Rechtecke	Quadrate
ebene Figur vier Ecken vier Seiten	ebene Figur vier Ecken vier Seiten	ebene Figur vier Ecken vier Seiten	ebene Figur vier Ecken vier Seiten	ebene Figur vier Ecken vier Seiten
	zwei gegen- überliegende Seiten parallel zueinander	zwei gegen- überliegende Seiten parallel zueinander	zwei gegen- überliegende Seiten parallel zueinander	zwei gegen- überliegende Seiten parallel zueinander
		gegenüberliegende Seiten parallel zueinander	gegenüberliegende Seiten parallel zueinander	gegenüberliegende Seiten parallel zueinander
		gegenüberliegende Seiten gleich lang	gegenüberliegende Seiten gleich lang	gegenüberliegende Seiten gleich lang
			4 rechte Winkel	4 rechte Winkel
				alle Seiten gleich lang

2 Richtig oder falsch? Begründet.

a) Jedes Rechteck ist auch ein Parallelogramm.
b) Jedes Trapez ist auch ein Quadrat.
c) Jedes Quadrat ist auch ein Rechteck.
d) Jedes Parallelogramm ist auch ein Quadrat.
e) Jedes Trapez ist auch ein Parallelogramm.
f) Jedes Rechteck ist auch ein Trapez.

1: Zusammenhänge der Vierecke erkennen, Eigenschaften zuordnen
Übersicht mit Vierecken legen oder nachlegen, B-KV 11 nutzen

AH S. 19

Kreise

ERINNERE DICH

Jeder Kreis hat eine Kreislinie,
einen Mittelpunkt M und eine Kreisfläche.

Jeder Kreis besitzt einen Radius r und einen Durchmesser d.

Der Durchmesser d ist das Doppelte vom Radius r.
Der Radius r ist die Hälfte vom Durchmesser d.

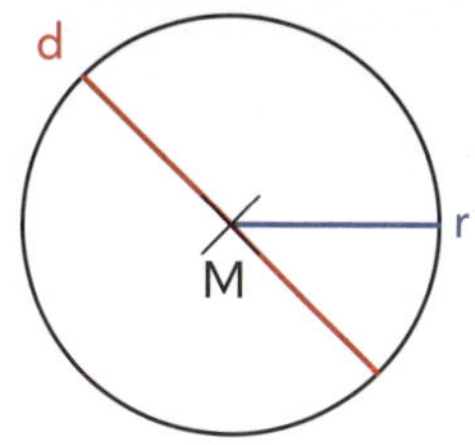

1 a) Zeichne Kreise mit verschiedenen Radien.
b) Zeichne verschieden große Kreise mit dem gleichen Mittelpunkt M.
c) Zeichne Kreise, die sich mit der Kreislinie berühren.
d) Zeichne verschiedene Muster.

2 Miss mit dem Lineal den Radius r und den Durchmesser d.

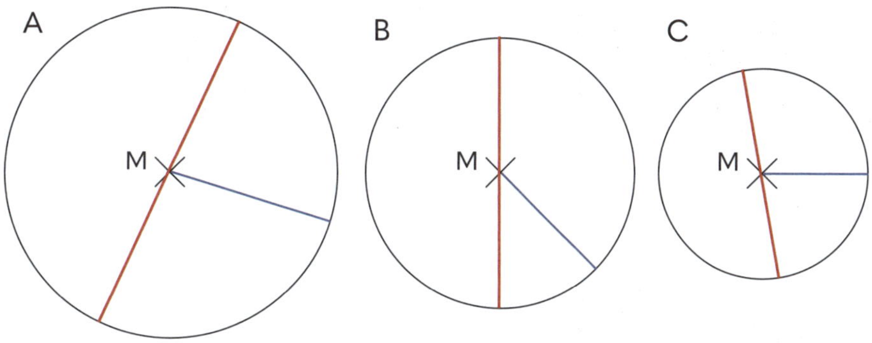

3 Zeichne Kreise.

a) r = 6,8 cm r = 56 mm
r = 5,5 cm r = 62 mm

b) d = 10,8 cm d = 84 mm
d = 11,6 cm d = 42 mm

4 Zeichne Kreise.
Zeichne in die Kreise eine geometrische Figur.

5 Stelle ein Mobile aus Kreisen her.

Muster aus Kreisen und anderen ebenen Figuren

1 a) Zeichne die Kreismuster nach. Setze sie fort.

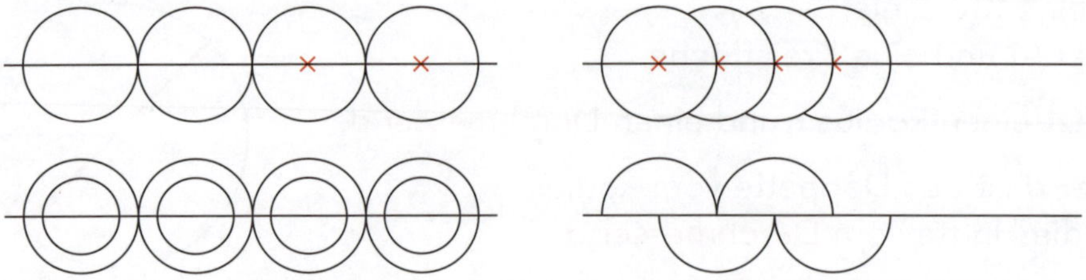

b) Erfinde eigene Muster.

2 a) Zeichne die Muster nach. Gestalte farbig.

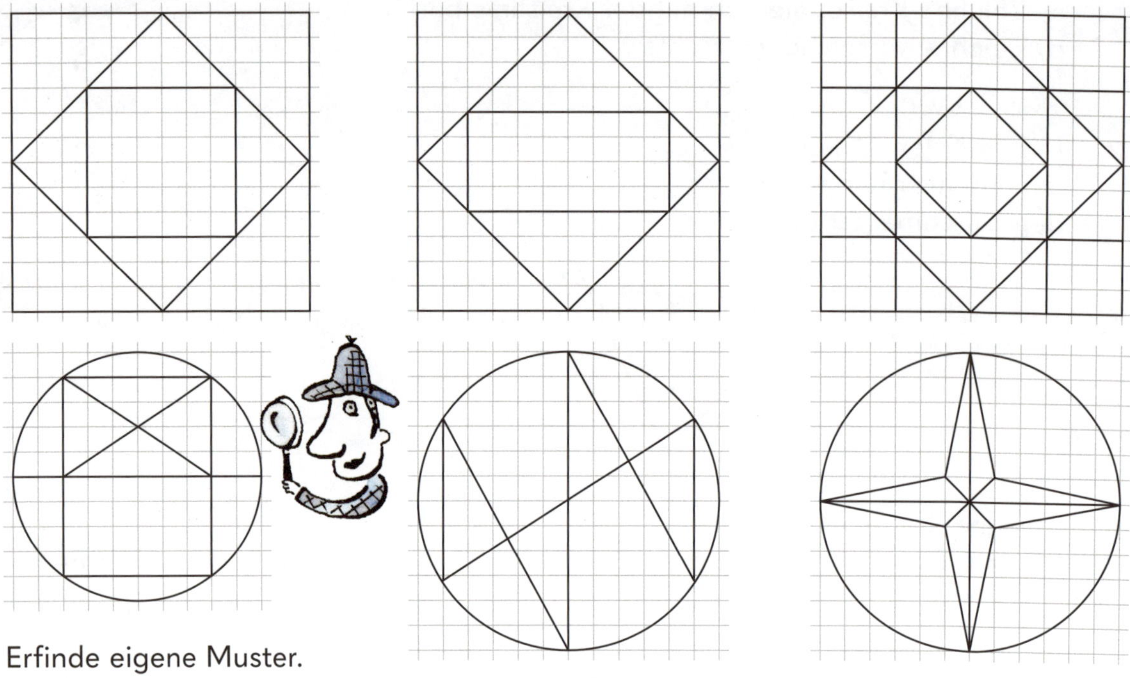

b) Erfinde eigene Muster.

3 Gestalte ein Parkett. Fertige dir dafür eine Fliese als Schablone an. Setze sie dann an deine Ausgangsfigur immer wieder an.

Kopfgeometrie

1 a) Stelle dir vor, du faltest ein quadratisches Papier.
Welche Figuren entstehen nach dem Auffalten?

- Falte eine Ecke auf die gegenüberliegende Ecke.
- Falte eine Kante auf die gegenüberliegende Kante.
- Falte eine Ecke auf die gegenüberliegende Ecke. Falte die gleichlangen Kanten aufeinander.
- Falte eine Kante auf die gegenüberliegende Kante. Falte die kürzeren Kanten aufeinander.
- Falte dein Quadrat dreimal Ecke auf Ecke.

b) Kontrolliere durch Nachfalten.

2 Beschreibe einem anderen Kind, wie du falten musst, um diese Faltlinien zu erhalten.

a) 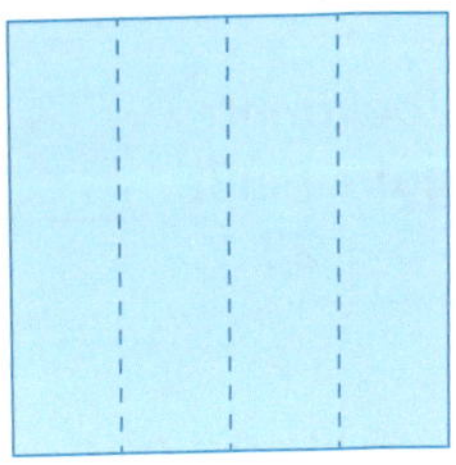
b) 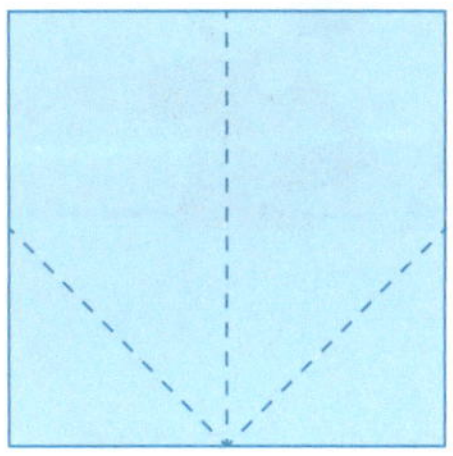
c) 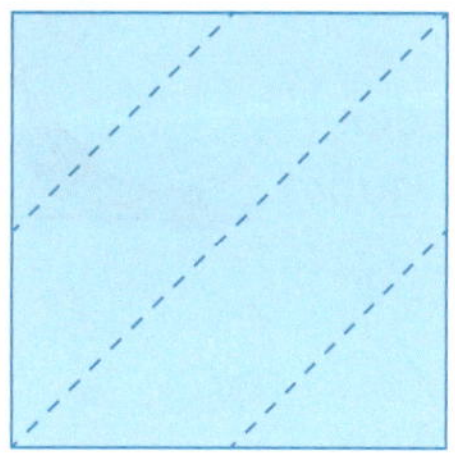

3 Wie oft wurde gefaltet, damit diese Bilder entstehen?

a) 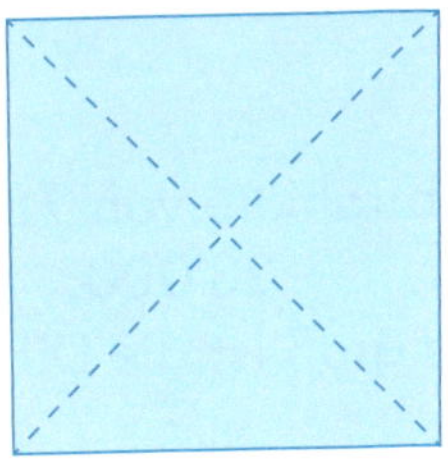
b) 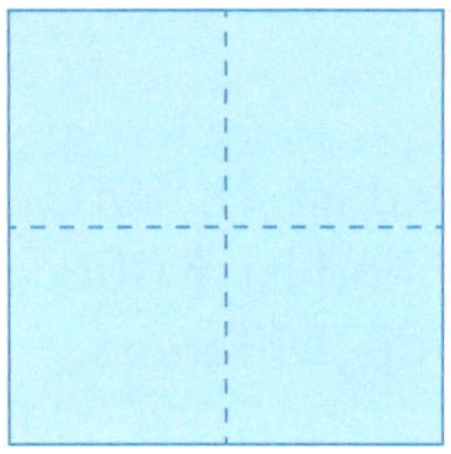
c) 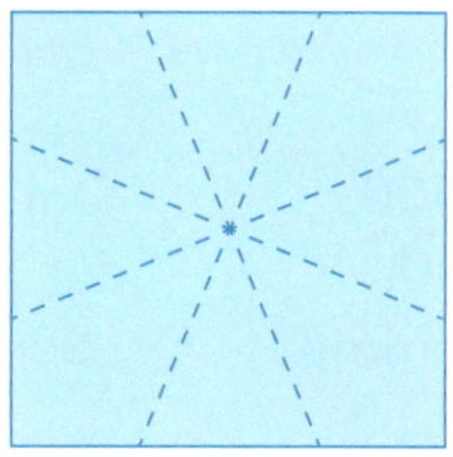
d) 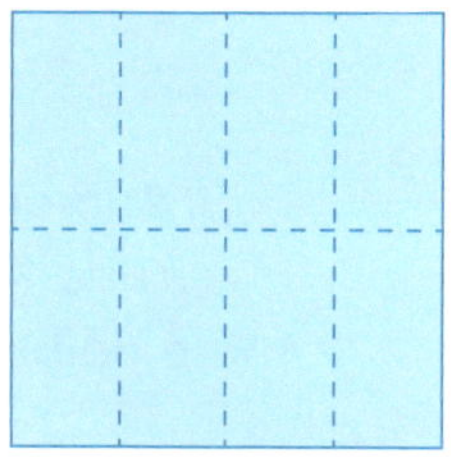

4 Falte ein Papier dreimal ohne es aufzufalten.
Tausche das aufgefaltete Papier mit einem anderen Kind.

a) Welche Figuren sind entstanden?
b) Wie hat das andere Kind gefaltet.

1: Falten in der Vorstellung, Ergebnisse durch Nachfalten überprüfen
2 bis 4: Falten sowie Anzahl der Faltungen beschreiben

Addieren und Subtrahieren

1 a) 4 000 + 5 000
2 000 + 4 000
1 000 + 8 000
4 000 + 6 000

b) 6 000 – 4 000
4 000 – 3 000
9 000 – 5 000
10 000 – 7 000

c) 3 000 + 6 000
8 000 – 6 000
1 000 + 9 000
6 000 – 6 000

2 a) 6 300 + 1 400
5 100 + 2 700
6 200 + 1 600
4 700 + 2 300

b) 4 500 – 2 300
9 200 – 7 100
8 600 – 5 400
4 600 – 2 600

c) 6 600 + 4 300
4 500 – 2 300
4 500 + 2 300
6 800 – 4 300

3 Die Bergschule kauft für den Spielplatz einen Spielturm mit Dach für 2 500 Euro und eine Kletterwand für 2 300 Euro.

4 Erkläre, wie Leo und Anna rechnen.

5 a) 43 000 + 32 000
35 000 + 22 000
238 000 + 31 000
436 000 + 53 000

b) 96 000 – 35 000
87 000 – 56 000
450 000 – 28 000
270 000 – 56 000

c) 36 000 + 18 000
224 000 + 37 000
72 000 – 36 000
452 000 – 28 000

6

Addiere 17 000 und 432 000. Wie heißt die Summe?

Der Minuend ist 18 400, der Subtrahend ist 7 000. Berechne die Differenz.

Subtrahiere von 785 000 23 000. Wie groß ist die Differenz?

7 Wie geht es weiter? Finde die Regel.

a)
3 200 4 500 □ ... 9 700
22 100 24 200 □ ... 28 400
78 500 79 700 □ ... 84 500

Immer □ mehr.
Immer □ weniger.

b)
22 800 20 800 □ ... 8 800
89 000 77 000 □ ... 29 000
65 300 62 900 □ ... 53 300

1 und 2: Addition und Subtraktion mithilfe der kleinen/bekannten Aufgabe einführen
3: Frage finden, Aufgabe lösen und beantworten
7: Letzte Zahl der Folge als Kontrolle nutzen

APP

AH S. 21
ÜH S. 21

8 Erkläre, wie Amir und Ben rechnen.

a) 434 032 + 4
434 032 + 40
434 032 + 400
434 032 + 4 000
434 032 + 40 000
434 032 + 400 000

b) 789 876 − 5
789 876 − 50
789 876 − 500
789 876 − 5 000
789 876 − 50 000
789 876 − 500 000

9 Setze die Aufgabenreihen fort und löse.

a) 352 134 + 3
352 134 + 30
☐ + 300
☐ + ☐
☐ + ☐
☐ + ☐

b) 879 689 − 4
879 689 − 40
☐ − 400
☐ − ☐
☐ − ☐
☐ − ☐

10

a) 248 030 + 30
702 620 + 6 000
12 470 + 500
463 350 + 20 000

b) 605 290 − 70
138 940 − 500
709 800 − 8 000
990 300 − 70 000

c) 436 230 + 700
878 090 − 6 000
72 340 + 50
983 400 − 70 000

12 970 72 390 138 440 248 060 436 930 483 350
605 220 701 800 708 620 872 090 913 400 920 300

11

a) 203 520 → +6 000 → ☐ → +80 → ☐ → +400 → ☐ → +20 000 → ☐ → +70 000 → ☐

b) 76 300 → −200 → ☐ → −1 100 → ☐ → −5 000 → ☐ → −8 000 → ☐ → −12 000 → ☐

12

a) 637 421 + 300 000
874 362 + 5 000
98 522 + 400
493 638 + 60

b) 482 509 − 7
697 612 − 5 000
72 154 − 30 000
347 806 − 600

c) 183 620 + 280
26 000 + 13 980
369 200 − 69 300
38 740 − 800

13

a) 312 000 + ☐ = 318 000
428 100 + ☐ = 428 900
83 400 + ☐ = 83 900
12 300 + ☐ = 18 300

b) 354 000 − ☐ = 351 000
289 000 − ☐ = 228 000
54 200 − ☐ = 51 200
98 900 − ☐ = 91 900

Zahlenschieber (Beilage) nutzen
8: Erkenntnis gewinnen: Nur entsprechende Stellen ändern sich
13: Umkehraufgaben als Lösungshilfe nutzen

Schriftliches Addieren

1 Erkläre, wie Lisa rechnet.

52 623 + 2 376

2 Überschlage zuerst. Addiere dann schriftlich.

a) 36 422 + 21 347

b) 52 034 + 47 365

c) 62 571 + 7 416

d) 125 837 + 152

e) 249 352 + 30 536

3

a) 34 616 + 13 745 | 238 427 + 3 052 | 38 420 + 16 374 | 16 384 + 21 816

b) 83 402 + 15 739 | 39 803 + 4 106 | 374 283 + 153 534 | 496 + 30 267

30 763 38 200 43 909 48 361 54 794 99 141 241 479 527 817

4 Schreibe stellengerecht untereinander. Addiere dann schriftlich.

a) 39 422 + 194
63 833 + 2 453
79 431 + 1 845
52 684 + 257

b) 98 354 + 3 603
54 320 + 899
37 563 + 4 326
71 942 + 757

c) 134 678 + 353 521
296 403 + 253 605
9 145 + 502 854
268 395 + 13 425

39 616 41 889 52 941 55 219 66 286 72 699
81 276 101 957 281 820 488 199 511 999 550 008

5

Vor 50 Jahren lebten in meiner Stadt 21 340 Menschen, heute sind es 1 476 mehr.

6 Würfel zweimal mit fünf Würfeln. Bilde fünfstellige Zahlen und addiere schriftlich.

1: Schriftliche Addition und das Bilden eines Überschlags wiederholen
3: Vorgehen beim Übertrag wiederholen
5: Frage finden, Aufgabe lösen und beantworten

APP

AH S. 23
ÜH S. 22

7 a) Erkläre, wie Leo die Quersumme bildet.

b) Bilde die Quersumme aus den Zahlen.

788	43 056	123 456	9 003	21 293
629	27 451	639 704	4 444	42 056

S. 43 / 7

b) 788

7 + 8 + 8 = 23

MERKE DIR

Die **Quersumme** ist die Summe aus den einzelnen Ziffern einer Zahl.
z. B.: 788 ⟶ 7 + 8 + 8 = 23

8 Addiere schriftlich. Überprüfe dein Ergebnis mit der Quersumme.

a) 25 445 + 1322
7 358 + 11 534
40 937 + 851
36 054 + 22 195

Die Quersumme ist 28.

b) 221 165 + 110 268
14 312 + 230 028
141 128 + 212 013
3 029 + 4 323

Die Quersumme ist 17.

c) 334 613 + 146 325
127 342 + 503 626
392 639 + 70 245
7 755 + 178 793

Die Quersumme ist 32.

9 Überprüfe die Rechnungen. Berichtige die falschen Aufgaben im Heft.

a)	b)	c)	d)	e)
123 487	33 865	386 254	8 602	68 452
+ 302 541	+ 72 537	+ 532 816	+ 1 583	+ 540
425 928	106 402	918 060	9 185	68 992

10 In einer Konservenfabrik werden an einem Tag 8 420 Gemüsekonserven und 4 280 Obstkonserven ausgeliefert.

11 Finde die fehlenden Ziffern.

a)	b)	c)	d)
5 4 8 9 ■	2 6 7 ■ 9 4	8 ■ 9 7	8 3 4 ■ 6
+ 1 3 ■ 6 2	+ 3 5 ■ 8 3 ■	+ 1 2 8 ■	+ 1 ■ 3 6 ■
■ 8 4 5 5	■ 2 5 7 2 5	■ 6 8 3	■ 1 8 1 9

7: Begriff „Quersumme" einführen
10: Frage finden, lösen und beantworten

Addieren mit mehr als zwei Summanden

1 Am Freitag kamen 674 Personen in das Schwimmbad, am Samstag waren es 826 und am Sonntag 1 226.
Wie viele Personen kamen insgesamt in das Schwimmbad?

a) Erkläre, wie Mila rechnet.
b) Löse die Aufgabe und antworte.

2 Überschlage zuerst. Addiere dann schriftlich.

a)	b)	c)	d)	e)
4 652	24 845	354 176	652 802	43 678
+ 1 609	+ 3 657	+ 267 034	+ 1 478	+ 321 406
+ 5 876	+ 12 034	+ 5 234	+ 22 405	+ 23

3 Schreibe stellengerecht untereinander. Addiere dann schriftlich.

a) 4 322 + 256 + 12 340
27 456 + 1 564 + 324 632
421 067 + 43 241 + 23
98 436 + 1 643 + 265 371

b) 265 132 + 45 712 + 112
34 021 + 301 022 + 3 405
87 + 9 786 + 8
321 467 + 22 432 + 376

c) 243 456 + 138 243 + 200 412
19 167 + 56 078 + 671 432
601 378 + 100 003 + 555
98 012 + 391 232 + 214 521

d) 101 343 + 4 321 + 354 + 321 853
6 732 + 221 321 + 71 345 + 708
99 999 + 155 155 + 7 306 + 93 657
534 023 + 233 068 + 21 056 + 198 432

9 881 16 918 300 106 310 956 338 448 344 275 353 652 356 117
365 450 427 871 464 331 582 111 701 936 703 765 746 677 986 579

4 Bilde Additionsaufgaben.

18 650 19 459 8 650 3 200 2 222 540 12 320 487 5 890 15 890 31 500 18 19 459

a) Die Summe soll kleiner als 30 000 sein.
b) Die Summe soll größer als 50 000 sein.
c) Die Summe soll zwischen 30 000 und 50 000 liegen.

1 und 2: Schriftliche Addition mit 3 Summanden und das Bilden eines Überschlags wiederholen und anwenden

APP

AH S. 25
ÜH S. 23

Schriftliches Subtrahieren

1 Erkläre, wie die Kinder rechnen.

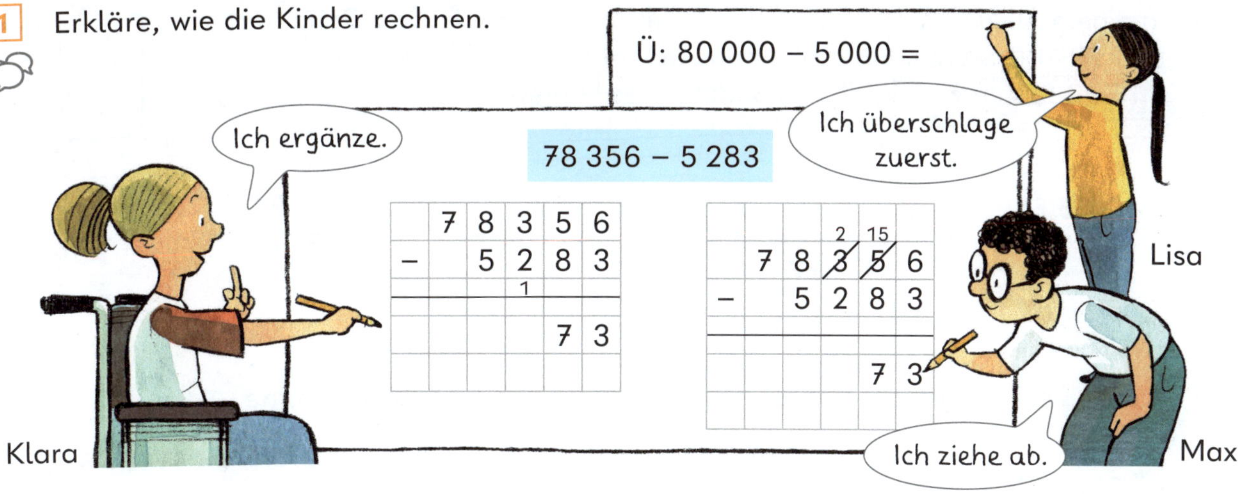

2 Überschlage zuerst. Subtrahiere dann schriftlich.

a)	b)	c)	d)	e)
23 689	324 893	8 032	323 693	6 453
– 12 598	– 12 962	– 4 621	– 117 581	– 3 237

3 Schreibe stellengerecht untereinander. Subtrahiere dann schriftlich.

a)	b)	c)
926 713 – 855 232	664 531 – 249 128	846 897 – 23 946
781 654 – 656 881	786 229 – 42 862	706 836 – 69 857
945 600 – 75 437	892 824 – 680 684	54 923 – 5 078
663 787 – 273	958 198 – 104 655	66 393 – 45 890

20 503 49 845 71 481 124 773 212 140 415 403 636 979
663 514 743 367 822 951 853 543 870 163

4

Subtrahiere 40 389 von 312 633.

Subtrahiere 8 422 von 10 340. Wie heißt die Differenz?

Der Minuend heißt 69 844, der Subtrahend 28 915. Berechne die Differenz.

Der Minuend beträgt 45 893 und der Subtrahend 893.

Die Zahl ist um 3 400 kleiner als 18 633. Wie heißt die Zahl?

5 Würfel zweimal mit fünf Würfeln. Bilde fünfstellige Zahlen und subtrahiere schriftlich.

1 und 2: Schriftliche Subtraktion (Ergänzungs- oder Abziehverfahren) und das Bilden eines Überschlags wiederholen und anwenden

Schriftliches Subtrahieren

1 In einem Auslieferungslager für Schulmöbel lagern 10 612 Schultische und 20 100 Stühle. Ein Möbelhaus möchte 5 920 Tische und 11 500 Stühle zu Beginn des Schuljahres kaufen.

2

a)	b)	c)	d)	e)
56 789	8 346	465 820	76 008	610 000
− 12 345	− 7 345	− 132 487	− 34 567	− 296 687

3 Subtrahiere schriftlich. Überprüfe dein Ergebnis mit der Quersumme.

a)	Quersumme	b)	Quersumme
596 585 − 349 757	30	851 180 − 600 865	16
794 553 − 46 508	28	768 376 − 30 081	34
942 106 − 259 216	33	932 612 − 16 483	28
724 215 − 19 632	27	958 187 − 412 803	29

4 Bildet aus den Karten zwei fünfstellige Zahlen. Subtrahiert beide Zahlen schriftlich.

0	1	2	3	4	5	6	7	8	9

a) Wer erreicht das kleinste Ergebnis?
b) Wer erreicht das größte Ergebnis?
c) Wer kommt der 50 000 am nächsten?
d) Wer kommt der 10 000 am nächsten?

5 Überprüfe die Rechnungen. Berichtige die falschen Aufgaben im Heft.

a)	b)	c)	d)	e)
146 398	700 346	98 366	6 894	486 893
− 12 894	− 528 399	− 72 438	− 355	− 203 004
134 504	170 943	25 928	6 539	283 081

6 Finde die fehlenden Ziffern.

a)	b)	c)	d)
9 2 5 ✱ 8	6 ✱ ✱ 8 4 3	8 3 7 ✱	✱ 7 2 3 1
− ✱ 1 3 5 9	− 2 1 4 ✱ 3 ✱	− ✱ 1 8 7	− 1 2 ✱ 4 ✱
3 1 ✱ 7 ✱	✱ 0 6 1 0 5	6 ✱ 8 9	4 ✱ 0 8 3

1: Frage finden, lösen und beantworten
4: Mehrere Aufgaben legen und lösen, bei Bedarf mit Zahlenkarten (Beilage) arbeiten

APP

AH S. 27
ÜH S. 24

Subtrahieren mit zwei Subtrahenden

1 Im Großhandel lagern 9 486 Lernspiele. Davon wurden 4 154 Spiele an Geschäfte ausgeliefert und 3 235 Spiele online verkauft. Wie viele Spiele sind noch im Lager?

a) Erkläre, wie die Kinder rechnen.
b) Löse die Aufgabe und antworte.

	9	4	8	6		5	3	3	2
–	4	1	5	4	–	3	2	3	5
	5	3	3	2					

Ich rechne in einer Aufgabe und ziehe ab.
16 – 4 – 5 = 7,
ich schreibe 7.
17 – 5 – 3 = 9,
ich schreibe 9.
3 – 1 – 2 = ▢.

		3	17	16
	9	~~4~~	~~8~~	~~6~~
–	4	1	5	4
–	3	2	3	5
			9	7

Ich rechne in einer Aufgabe und ergänze.
5 + 4 + 7 = 16,
ich schreibe 7.
1 + 3 + 5 + 9 = 18,
ich schreibe 9.
1 + 2 + 1 = ▢.

	9	4	8	6
–	4	1	5	4
–	3	2	3	5
		1	1	
			9	7

2 a) Rechne wie Klara.

9 823 – 4 510 – 2 831
17 384 – 12 193 – 3 451
68 754 – 3 213 – 41 601
77 398 – 43 152 – 364

b) Rechne wie Lisa oder Leo.

422 833 – 76 011 – 33 041
6 763 – 143 – 1 054
36 876 – 12 341 – 10 265
876 354 – 12 421 – 503 612

1 740   2 482   5 566   14 270   23 940   33 882   313 781   360 321

3 Rechne mit deinem Weg.

a) 582 132 – 377 117 – 105 015
956 443 – 598 570 – 5 023
99 924 – 6 258 – 1 343
804 474 – 10 652 – 412

b) 901 822 – 149 030 – 42 771
869 980 – 381 153 – 88 420
630 843 – 422 146 – 104 264
606 660 – 346 749 – 411

92 323   100 000   104 433   259 500   352 850   400 407   710 021   793 410

1: Vorgehen beim schriftlichen Subtrahieren mit zwei Subtrahenden einführen: Aufgaben schrittweise subtrahieren oder in einer Aufgabe rechnen
2 und 3: Beide Rechenwege ausprobieren und sich für einen Rechenweg entscheiden

Addieren und Subtrahieren

1 Wie viel Geld bekommen die Kinder zurück?

2 Schreibe stellengerecht untereinander und löse dann.

a) 112,23 € + 23,45 € + 254,13 €
465,35 € + 108,07 € + 5,08 €
45,23 € + 0,03 € + 420,87 €
11,01 € + 395,63 € + 136,40 €

b) 354,67 m − 65,02 m − 0,54 m
38,02 m − 17,01 m − 0,44 m
909,00 m − 23,96 m − 278,03 m
453,22 m − 61,12 m − 54,08 m

3 Bilde Additions- und Subtraktionsaufgaben mit drei Zahlen.

4 122 | 97 540 | 8 537 | 14 608 | 34 842 | 1 042 | 3 271 | 58 900

Das Ergebnis soll
a) kleiner als 10 000 sein,
b) zwischen 25 000 und 50 000 liegen,
c) zwischen 60 000 und 80 000 liegen.

4

a) 28 354 → + 2 598 → ☐ → + 25 007 → ☐ → + 35 687 → ☐ → + 231 405 → 323 051

b) 425 687 → − 18 354 → ☐ → − 143 205 → ☐ → − 98 132 → ☐ → − 87 123 → 78 873

c) 86 590 → − 25 078 → ☐ → + 14 628 → ☐ → ●■ → ☐ → ●■ → 86 590

5 Finde die fehlenden Ziffern.

a)
```
  ■8721
+ 61■■8
  9■99■
```

b)
```
  1376■
+ 1■2■24
  95■0■5
```

c)
```
  ■■973
- 54■6■
  111■1
```

d)
```
  7■■9■
-   34■7
  64532
```

1 und 2: Schriftliches Rechnen mit Größen wiederholen, auf stellengerechtes Untereinanderschreiben insbesondere der Kommas achten
4: Letze Zahl als Kontrolle nutzen

APP
AH S. 30–31
ÜH S. 26

6 Welche Aufgaben rechnest du im Kopf, welche rechnest du schriftlich?

a) 342 900 + 4 100 | 524 867 + 298 123 | 23 678 + 43 022 + 12 843
56 899 + 9 999 | 74 999 + 5 001 | 65 700 + 30 000 | 690 038 + 4 500

b) 402 270 – 270 | 10 000 – 5 001 | 57 893 – 34 653 | 65 932 – 9 999
23 987 – 10 987 – 8 675 | 200 000 – 44 444 | 43 987 – 21 587

7 Das Olympiastadion in Berlin hat 74 475 Sitzplätze.
Davon befinden sich 36 455 Sitzplätze auf dem Oberring, die anderen sind auf dem Unterring.

Frage, löse, antworte.

8

a) Zahlenmauer: unten 4 380 | 2 120 | 4 240; mittlere Reihe leer; oben leer

b) Zahlenmauer: oben 52 694; Mitte 26 833 | (leer); unten (leer) | 12 340 | (leer)

c) Zahlenmauer: oben 8 983; Mitte leer; unten leer

9 Überprüfe die Rechnungen. Berichtige die falschen Aufgaben im Heft.

a)	b)	c)	d)	e)
53 416	128 456	93 754	354 853	587 306
+ 39 854	+ 395 783	– 53 822	– 102 493	– 467 235
93 270	414 239	40 932	252 460	120 171

10 Bildet aus den Karten zwei fünfstellige Zahlen.
Subtrahiert beide Zahlen schriftlich.

0 | 1 | 2 | 3 | 4 | 5 | 6 | 7 | 8 | 9

a) Wer erreicht das kleinstmögliche Ergebnis?
b) Wer erreicht das größtmögliche Ergebnis?
c) Bildet weitere Aufgaben. Ein anderes Kind rechnet sie aus.

6: Entscheidung, welche Aufgaben im Kopf und welche schriftlich gerechnet werden, begründen lassen
8: c) Verschiedene Lösungen möglich

AH S. 30–31
ÜH S. 27

Gleichungen

1 Erkläre. Löse dann die Gleichungen.

$a + 480 = 3\,480$
a = ☐

$4\,630 + b = 5\,050$
b = ☐

$320 + 1\,680 = c$
c = ☐

MERKE

Platzhalter kann man durch kleine Buchstaben ersetzen.
Sie stehen für Zahlen und heißen **Variablen**.

2 Löse die Gleichungen.

a) $a + 304 = 5\,304$
$a + 900 = 7\,900$
$a + 523 = 3\,523$
$a + 702 = 2\,702$

b) $3\,455 + b = 3\,480$
$7\,670 + b = 7\,800$
$2\,888 + b = 3\,000$
$5\,890 + b = 5\,900$

c) $4\,583 + 417 = c$
$6\,390 + 810 = c$
$2\,989 + 606 = c$
$7\,993 + 107 = c$

3 Erkläre. Löse dann die Gleichungen.

a) $8\,023 - x = 8\,000$
x = ☐

b) $y - 213 = 4\,000$
y = ☐

c) $6\,255 - 255 = z$
z = ☐

4

Beim Subtrahieren schreibst du genauso wie beim Addieren.

a) $6\,666 - x = 6\,000$
$7\,200 - x = 6\,880$
$9\,320 - x = 8\,900$
$4\,600 - x = 3\,990$

b) $y - 440 = 3\,600$
$y - 2\,000 = 6\,240$
$y - 218 = 4\,440$
$y - 720 = 8\,100$

c) $9\,320 - 280 = z$
$8\,400 - 520 = z$
$6\,772 - 772 = z$
$2\,119 - 121 = z$

5 Schreibe eine Gleichung mit der fehlenden Zahl als Variable auf und löse.

a) Der 1. Summand beträgt 4 380 und die Summe ist 5 200.
b) Der Subtrahend ist 420 und die Differenz beträgt 5 880.
c) Der Minuend beträgt 7 622 und die Differenz ist 5 878.

Umkehraufgaben helfen beim Lösen.

1: Begriffe „Variable“ und „Gleichung“ einführen
3: Erkenntnisse beim Lösen von Gleichungen mit Addition auf die Subtraktion übertragen

APP

AH S. 31
ÜH S. 28

Ungleichungen

1

$5\,768 + a < 5\,773$
$a = 0, 1, \ldots$

$2\,830 - b > 2\,825$
$b = 0, 1, \ldots$

2 Gib alle Zahlen an, die du für die Variablen einsetzen kannst.

a) $a + 99 < 100$, $a = \square$

b) $304 - b > 300$, $b = \square$

c) $3\,000 + c < 2\,500$, $c = \square$

MERKE

Ungleichungen haben eine, mehrere oder keine Lösungen.

3

a)
$k + 198 < 201$
$k + 7\,369 < 7\,371$
$k + 348 < 352$
$k + 1\,350 < 1\,353$

b)
$81 - l > 78$
$3\,102 - l > 3\,098$
$9\,001 - l > 9\,000$
$6\,553 - l > 6\,549$

c)
$7\,300 + m < 7\,250$
$5\,997 + m < 6\,001$
$2\,479 + m < 2\,480$
$8\,777 + m < 8\,782$

4 Gib die kleinste und die größte Zahl an, die du für x einsetzen kannst.

a)
$3\,228 + x < 3\,245$
$6\,340 + x < 6\,410$
$4\,729 + x < 4\,750$
$8\,480 + x < 8\,521$

b)
$6\,253 - x > 6\,247$
$4\,390 - x > 4\,290$
$5\,381 - x > 5\,331$
$7\,893 - x > 7\,800$

S. 51 / 4
a) $x = 0, \ldots, 16$
$x =$

5 Schreibe die Ungleichungen auf und löse.

a) Welche Zahlen kannst du zu 15 690 addieren, so dass die Summe kleiner als 15 701 ist?

b) Subtrahiere Zahlen von 18 334. Die Differenz soll größer sein als 18 326.

c) Addiere Zahlen zu 8 997. Die Summe soll kleiner als 9 008 sein.

6

a)
$2\,482 + y < 2\,487$
$3\,623 - m > 3\,619$
$4\,590 - w > 4\,589$
$5\,481 + a < 5\,490$

b)
$3\,134 - g > 3\,129$
$a + 2\,890 < 2\,894$
$4\,500 - b > 4\,600$
$2\,723 + e < 2\,724$

c)
$320 + a < 300$
$2\,200 + b < 2\,204$
$6\,002 - b > 5\,999$
$650 - e > 660$

1 und 2: Begriff „Ungleichung" einführen und besprechen, dass sie eine, keine oder mehrere Lösungen haben können, Notation bei keiner Lösung festlegen

APP

AH S. 31
ÜH S. 28

Sachaufgaben – Lösungshilfen

1 a) Kannst du die Fragen beantworten?
Begründe.

A Amir hat 25 Buntstifte in seiner Federtasche und dreimal so viele zu Hause.
Er wohnt in der Lindenstraße.
Welche Hausnummer hat sein Haus?

B Ein Bauer hat auf seinem Hof 24 Schafe und 17 Kühe.
Wie alt ist der Bauer?

C In einer Schule lernen 135 Jungen und 50 Mädchen mehr als Jungen.
Wie viele Klassen gibt es an der Schule?

D In der Straßenbahn sind 26 Fahrgäste.
12 Personen steigen an der nächsten Haltestelle aus und 17 wieder ein.
An wie vielen Haltestellen hält die Straßenbahn?

b) Finde Fragen, die du mithilfe der Texte beantworten kannst.
Löse die Aufgaben.

2 Löse die Sachaufgaben mithilfe einer Skizze.

A Ein Gartenteich soll mit einem Zaun in Rechteckform umzäunt werden. Alle drei Meter steht ein Pfahl.
An der langen Seite stehen sieben Pfähle.
Insgesamt werden für den Zaun 20 Pfähle benötigt.
Wie viele Meter Zaun müssen besorgt werden?

B Zwei Schnecken machen einen Wettlauf über eine Strecke von einem Meter. Beide kriechen gleich schnell.
Die erste Schnecke kriecht jeweils 10 Zentimeter und macht dann immer eine Pause von 6 Sekunden.
Die zweite Schnecke kriecht jeweils 20 Zentimeter und macht dann immer eine Pause von 12 Sekunden.
Kommen die beiden Schnecken gleichzeitig am Ziel an?

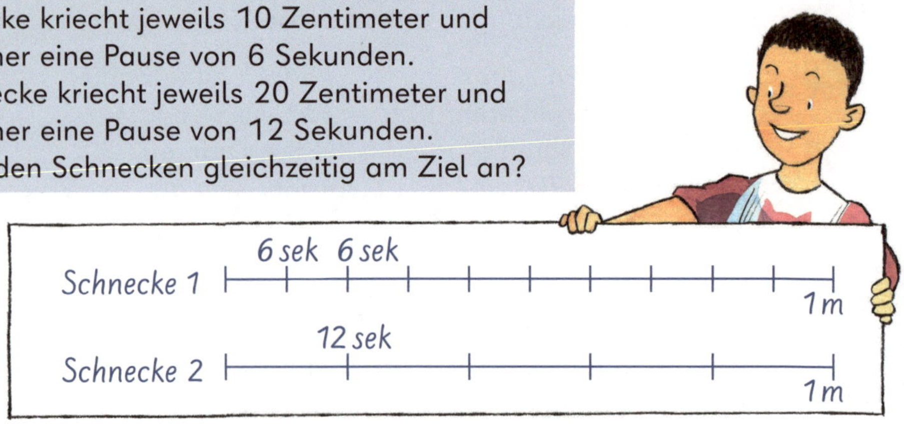

1: Begriff „Kapitänsaufgaben" erläutern: Sachaufgaben, die aufgrund fehlender Informationen oder sinnloser Angaben nicht lösbar sind
2: Nutzen von Skizzen als Lösungshilfe

Sachaufgaben – Analogien nutzen

1 a) Löse alle drei Sachaufgaben.

A Beim Schulfest zählte Max alle Kinder und Erwachsene.
Es waren 126 Erwachsene und dreimal so viele Kinder.
Wie viele Personen waren auf dem Schulfest?

B An einem Judo-Turnier nahmen 126 Kinder teil.
Dreimal so viele Kinder schauten zu.
Wie viele Kinder waren bei dem Turnier?

C Auf einem Bauernhof werden Kühe und Schweine gehalten.
Es gibt 126 Kühe und dreimal so viele Schweine.
Wie viele Kühe und Schweine leben auf dem Bauernhof?

b) Vergleiche die Rechenwege und die Ergebnisse.
c) Finde eine weitere Sachaufgabe, die zu deiner Rechnung passt.

2 a) Löse die Sachaufgaben.
Vergleiche die Rechenwege und Ergebnisse.

A Auf einem Bauernhof leben 12 Hühner
und doppelt so viele Enten.
Wie viele Tiere sind es insgesamt?

B Auf einem Bauernhof leben 24 Enten
und 12 Hühner weniger als Enten.
Wie viele Tiere sind es insgesamt?

b) Finde eine weitere Sachaufgabe mit der gleichen Anzahl an Enten und Hühnern.

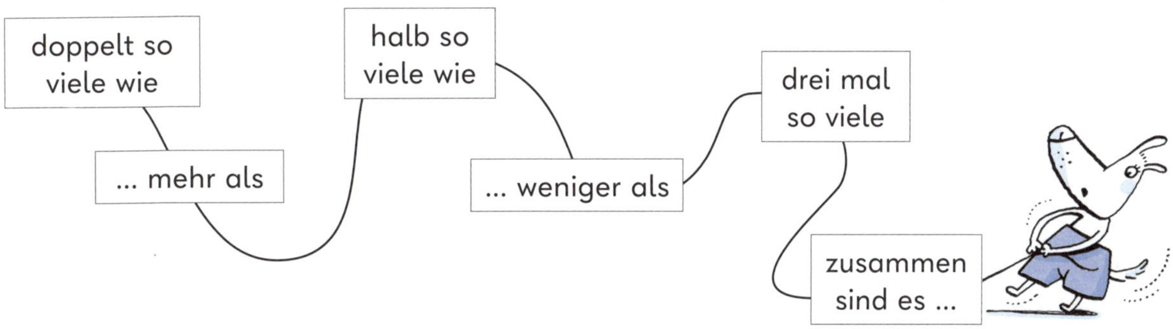

3 Findet gemeinsam Sachaufgaben und stellt sie eurer Klasse vor.

a) Findet zwei Sachaufgaben, die ihr mit dem gleichen Rechenweg lösen könnt.
b) Findet zwei Sachaufgaben, die das gleiche Ergebnis,
aber einen unterschiedlichen Rechenweg haben.

1: Erkenntnis gewinnen, dass alle drei Aufgaben mit der gleichen Rechnung gelöst werden können
2: Unterschiedliche Rechenwege führen zum selben Ergebnis

BIST DU FIT?

1 Wie heißen die Figuren?

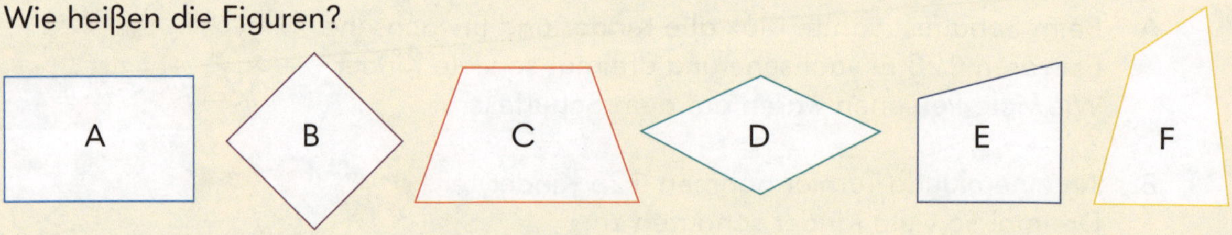

2

a)
2 800 + 3 400
5 700 − 1 200
253 000 + 28 000
572 000 − 27 000

b)
38 460 + 30
94 336 + 500
342 350 + 4 000
225 400 + 60 000

c)
698 − 60
287 804 − 500
49 200 − 7 000
563 500 − 60 000

3

4 Rechne schriftlich.

a)
46 55 + 175
73 111 + 42 419
165 723 + 433 009
538 167 + 145 361
277 557 + 26 205

b)
11 326 − 5 435
735 346 − 556 360
502 085 − 48 701
381 466 − 176 804
606 164 − 8 807

c)
432 652 + 56 034
876 453 − 23 344
7 006 − 5 934
83 205 + 21 987
10 000 − 8 350

5 Rechne im Kopf oder schriftlich.

302 000 + 999
200 000 − 499 − 1 001
234 622 + 327 567
9 999 − 999
398 + 3 600 + 12 002
235 500 − 5 395
8 374 − 2 100
340 358 − 136 231 − 5 023
674 + 3 845 + 12 322
13 450 + 550

6 Löse die Gleichungen und Ungleichungen.

a)
1 250 + a = 2 000
b + 210 = 5 210
6 270 + 330 = c
6 005 − x = 5 999
b − 440 = 440

b)
3 220 − a > 3 215
4 895 + b < 4 901
1 228 + x < 1 238
a + 5 703 < 5 708
6 003 − e > 5 999

Fermi-Aufgaben

WUSSTEST DU SCHON?

Fermi-Aufgaben sind nach dem italienischen Wissenschaftler und Nobelpreisträger Enrico Fermi benannt.
Er lebte von 1901 bis 1954.
Er stellte seinen Studentinnen und Studenten immer sonderbare Fragen, bei denen sie zunächst schätzen, messen oder recherchieren mussten.

Lies die Aufgabe genau.

Welche Informationen brauchst du?

Ordne die Informationen. Welche benötigst du für deine Rechnung?

Begründe deine Lösung.

1 Max wohnt 1 Kilometer von der Schule entfernt.

Wie viele Schritte geht Max auf seinem Schulweg
a) in einer Woche?
b) in einem Monat?
c) in einem Jahr?
d) in seiner Schulzeit?

2 Mit wie vielen Arbeitsblättern könnt ihr den Fußboden eures Klassenzimmers auslegen?

3 Wie viele Steckwürfel brauchst du, um dein Klassenzimmer mit ihnen zu umrahmen?

4 Wie viele Kinder passen in dein Klassenzimmer?

Prinzip von Fermi-Aufgaben kennenlernen: Informationen recherchieren, Anzahlen und Größen abschätzen und unterschiedliche Lösungswege und Lösungen sind möglich

Daten

1 Die Kinder der Klasse 4a haben drei Tage jeweils eine Stunde lang Wintervögel gezählt.

	Anzahl der Vögel		
Vogelart	Montag	Dienstag	Mittwoch
Amsel	卌 IIII	III	卌
Meise	IIII	卌 I	卌 卌 卌
Sperling	卌 卌 卌	卌 卌 卌 卌 I	卌 卌 II
Elster	卌	III	IIII
Specht	II		III

a) Wie viele Vögel wurden von jeder Art insgesamt gezählt? Erstelle eine Tabelle und zeichne ein Säulendiagramm.
b) Die Lehrerin hat ein Kreisdiagramm erstellt. Vergleiche dein Säulendiagramm mit dem Kreisdiagramm. Nenne Gemeinsamkeiten und Unterschiede.

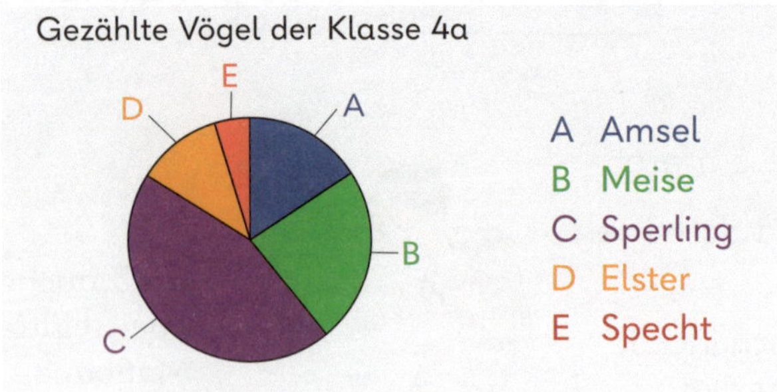

2 Die Kinder der Klasse 4b haben auch Vögel gezählt. Die Lehrerin hat ein Kreisdiagramm erstellt.

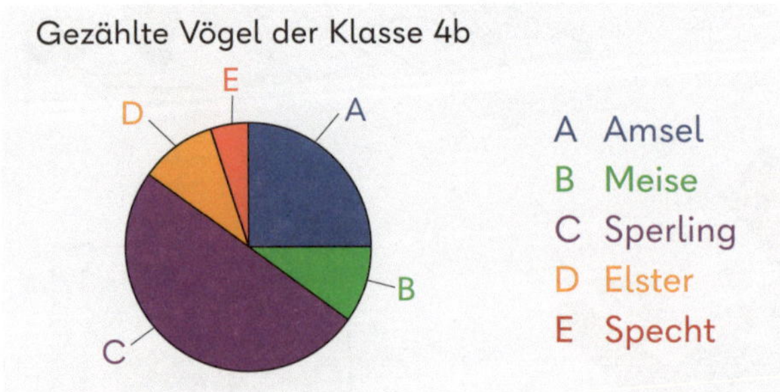

a) Wie viele Vogelarten wurden gezählt?
b) Von welcher Vogelart wurde ungefähr ein Viertel aller Vögel gezählt?
c) Von welchen Vogelarten wurden etwa gleich viele Vögel gezählt?
d) Welche Vogelart wurde am wenigsten gezählt?
e) Welche Vogelart wurde am meisten gezählt?

1: Begriffe „Kreisdiagramm“ und „Legende“ einführen
2: Lesen von Kreisdiagrammen: Zusammenhang zwischen Größe der Segmente und Anzahlen erkennen

APP

AH S. 33
ÜH S. 30

3 Jedes Jahr werden die Wintervögel bundesweit eine Stunde lang gezählt.
Die Tabelle zeigt die Ergebnisse von 2024.

	Brandenburg	Mecklenburg-Vorpommern	Sachsen	Sachsen-Anhalt	Thüringen
Haussperling	41 986	34 221	32 067	23 746	22 425
Felsperling	15 926	12 321	13 800	6 269	7 676
Kohlmeise	26 592	11 957	25 492	11 452	16 685
Amsel	11 011	8 767	12 249	4 674	9 033
Blaumeise	16 215	7 484	17 442	7 035	13 468

a) Max hat ein Piktogramm zu den Ergebnissen in Brandenburg mit gerundeten Werten gezeichnet. Erkläre, wie du ein Piktogramm lesen kannst.

b) Zeichne ein eigenes Piktogramm zu einem anderen Bundesland. Runde die Angaben zuerst auf Vielfache von 1 000.

c) Zeichne ein Balkendiagramm zum gleichen Bundesland. Vergleiche das Piktogramm mit dem Balkendiagramm.

4 Im Internet wurde ein Kreisdiagramm von der Vogelzählung in Sachsen veröffentlicht.

a) Prüfe die Daten in der Tabelle und schreibe die Legende.

b) Zu welchen Vögeln passen die folgenden Aussagen?

- ungefähr gleich viele Vögel
- die wenigsten Vögel
- die meisten Vögel
- $\frac{1}{4}$ aller gezählten Vögel

Vogelzählung 2024 in Sachsen

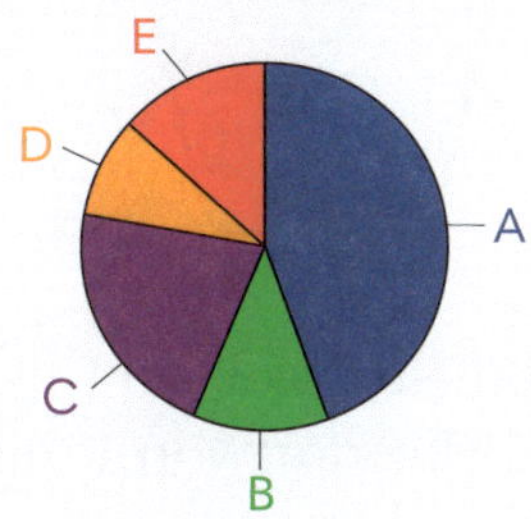

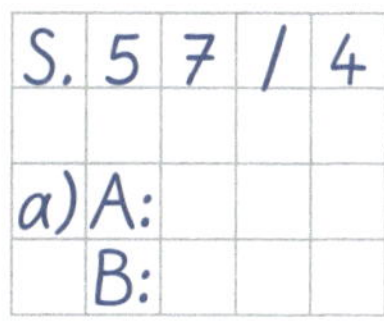

5 Erstelle ein Piktogramm oder ein Säulendiagramm, das die Gesamtanzahl aller Vögel in den Bundesländern zeigt.

3: Begriff „Piktogramm" einführen, Piktogramm als neue Diagrammart besprechen: Unterschiedliche Symbole für verschiedene Anzahlen nutzen
4: Größe der Segmente beachten

Wahrscheinlichkeit einschätzen und vergleichen

ERINNERE DICH

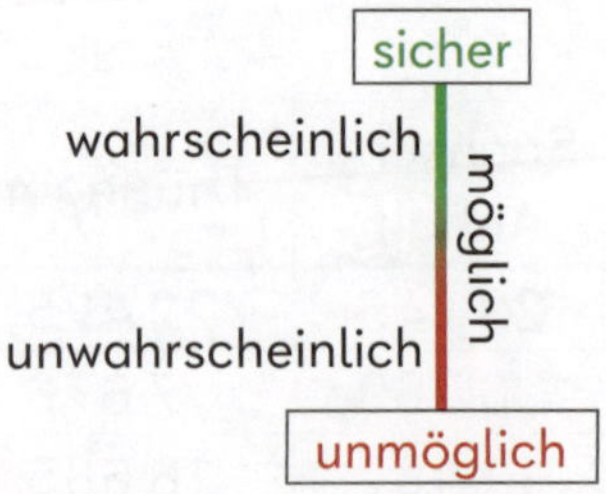

Es ist **sicher**.	Das passiert auf jeden Fall.
Es ist **wahrscheinlich**.	Das passiert eher häufig.
Es ist **möglich**.	Das kann passieren, muss aber nicht.
Es ist **unwahrscheinlich**.	Das passiert eher selten.
Es ist **unmöglich**.	Das passiert nie.

1 Zeige an der Skala. Begründe deine Entscheidung.

Wie wahrscheinlich ist es, dass
a) du nach der Stunde draußen spielst?
b) du morgen zur Schule gehst?
c) du heute Abend eine Serie siehst?
d) du in diesem Monat zur Oma fährst?
e) du im nächsten Schuljahr die Schule wechselst?
f) Leo bei dem Glücksrad auf Blau dreht?
g) Leo bei dem Glücksrad auf Rot oder Blau dreht?
h) Leo bei dem Glücksrad auf Grün dreht?

2 Aus welchem Glas ist es wahrscheinlicher eine rote Kugel zu ziehen?

a)

b)

c)

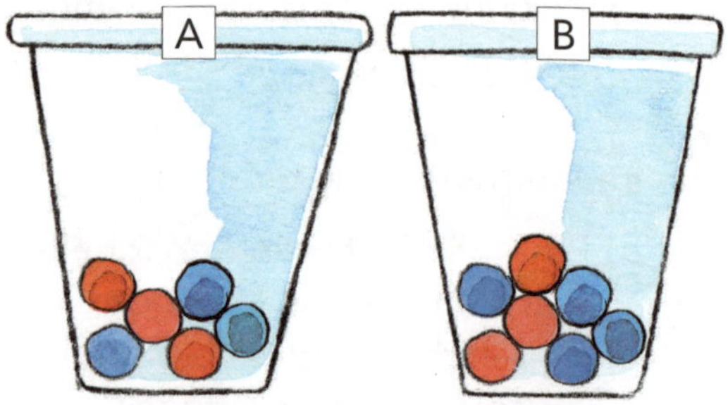

3 Max und Amir spielen ein Spiel. Amir darf ein Feld weiterrücken, wenn er eine gerade Zahl würfelt. Max darf vorrücken, wenn er eine 1, 3 oder eine 5 würfelt.

a) Spiele das Spiel mit den Regeln. Sind die Regeln fair?
b) Finde eine faire und eine unfaire Regel für das Spiel.

Start									Ziel

1: Wahrscheinlichkeitsskala wiederholen, Lineal und Klammer zur Schätzung nutzen
2: Wahrscheinlichkeiten vergleichen 3: Regeln für faire Spiele finden: Regeln sind fair, wenn die Wahrscheinlichkeit zu gewinnen für beide Kinder gleich hoch ist.

APP

Wahrscheinlichkeiten datenbasiert untersuchen

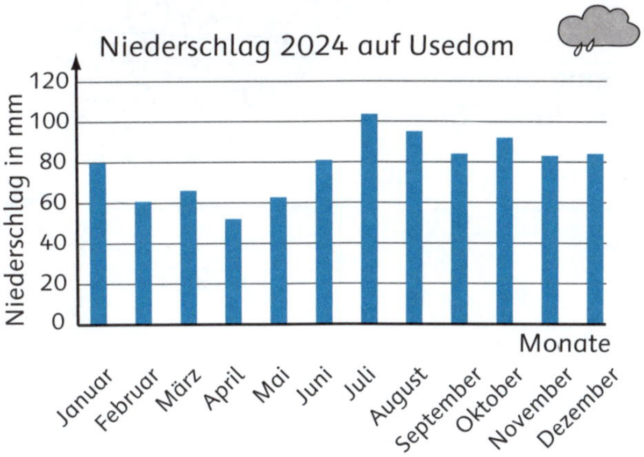

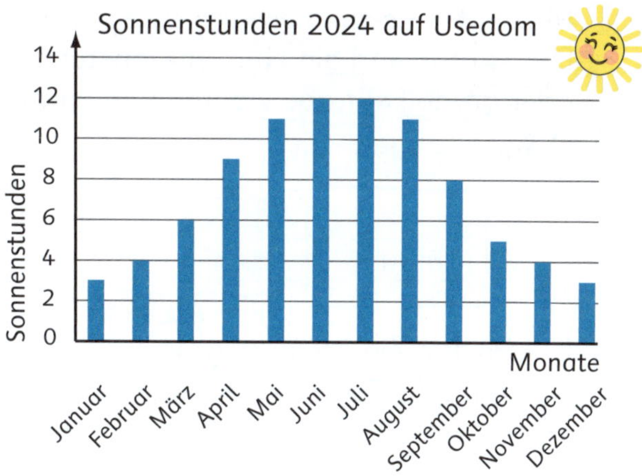

1 Lisa plant mit ihrer Familie einen Wochenendausflug auf die Insel Usedom. Sie mag keinen Regen und liebt die Sonne. Lisa überlegt mithilfe der Diagramme, in welchem Monat sie verreisen sollte.

a) Welchen Monat schlägst du Lisa vor? Begründe deinen Vorschlag.
b) Ist es wahrscheinlicher, dass es im Juli oder im August regnet? Begründe.
c) Finde für die folgenden Aussagen einen passenden Monat.

Es ist wahrscheinlich, dass in diesem Monat die meisten Sonnenstunden sind.

Es ist unwahrscheinlich, dass in diesem Monat die wenigsten Sonnenstunden sind.

Es ist wahrscheinlich, dass es in diesem Monat die meisten Sonnenstunden und den meisten Niederschlag gibt.

2 Max, Mila und Lisa haben an drei Glücksrädern gedreht und eine Liste erstellt.

Max

Rot	26
Blau	14
Gelb	31
Grün	9

Mila

Rot	27
Blau	11
Gelb	0
Grün	42

Lisa

Rot	62
Blau	3
Gelb	0
Grün	15

A

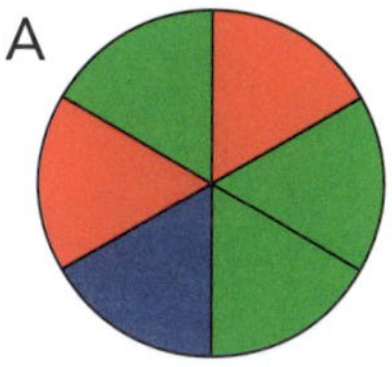

B

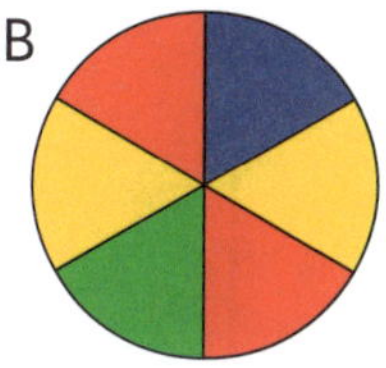

C

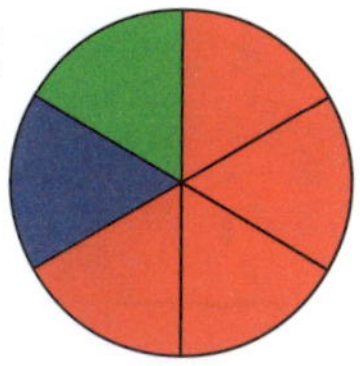

a) Ordne die Glücksräder zu.
Begründe deine Entscheidung.
b) Zeichne eigene Glücksräder und vermute, auf welche Farben am wahrscheinlichsten und am unwahrscheinlichsten gedreht wird.

1: Wahrscheinlichkeiten auf der Grundlage von Daten einschätzen, Lesen von Diagrammen wiederholen
2: Mehrere Lösungen möglich

Kombinatorik

1 Max hat für seine Lernapp einen Avatar erstellt.
Der Avatar wird ein kleines Monster. Er kann eine blaue, rote oder grüne Fellfarbe wählen und ein, zwei oder drei Augen.

a) Welche Möglichkeiten gibt es? Wähle eine Lösungsstrategie.

b) Max hat ein Baumdiagramm gezeichnet.
Nennt die Ergebnisse, indem ihr die Wege nachgeht.

2 Klara und Ben wollen ihren fertigen Avatar gestalten. Sie können zwischen verschiedenen Hüten (**Z**ylinder, **F**ilzhut), Brillen (**S**onnenbrille, **P**artybrille) und Ohrringen (**S**tecker, **H**änger) wählen.
Beide Kinder haben ein Baumdiagramm gezeichnet.

a) Welches Baumdiagramm passt zu der Situation? Begründe.

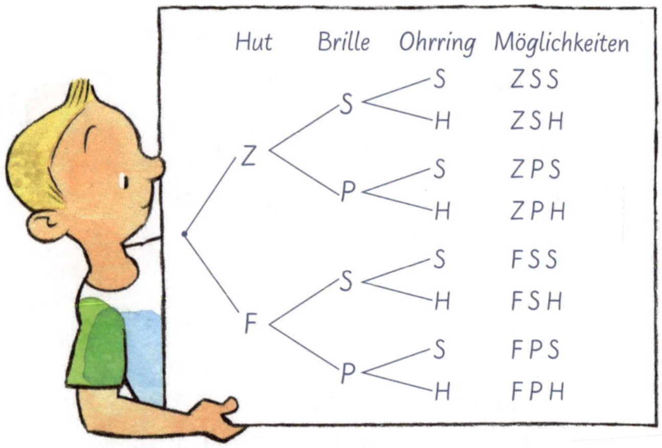

b) Übertrage das richtige Baumdiagramm in dein Heft. Bei welchen Möglichkeiten hat der Avatar eine Sonnenbrille auf? Färbe die Wege und die Möglichkeiten.

1: Lösungsstrategien zur systematischen Notation wiederholen, Baumdiagramm als weitere Lösungsstrategie kennenlernen

AH S. 35
ÜH S. 31

3 Auch Lisa und Anna können Avatare erstellen.
Wie viele Möglichkeiten gibt es in ihren Lernapps? Zeichne jeweils ein Baumdiagramm.

Spiel von Lisa

Figur	Augen	Fell
Bär	**braun**	**braun**
Hase	**grün**	**weiß**
		schwarz

Spiel von Anna

Figur	Augen	Fell
Hund	**blau**	**schwarz**
Katze	**grün**	**weiß**
Maus		

4 Lisa darf in ihrer Lernapp nacheinander verschiedene Themen wählen.

Einmaleins | **Addieren und Subtrahieren** | **Uhrzeiten**

Lisa hat ein Baumdiagramm gezeichnet.

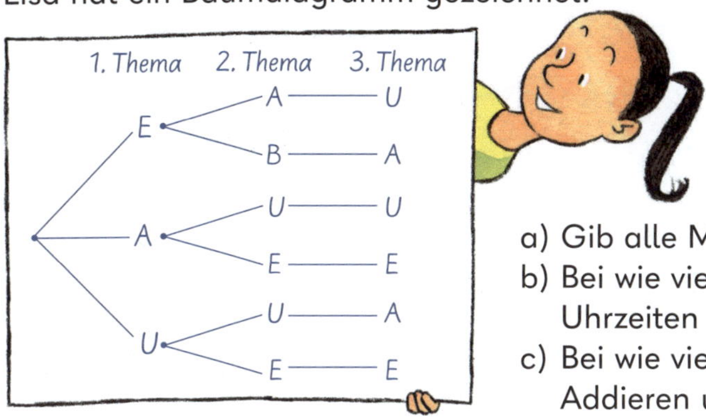

S. 61 / 4
a) E A U

a) Gib alle Möglichkeiten an.
b) Bei wie vielen Möglichkeiten ist das Thema Uhrzeiten als letztes gewählt?
c) Bei wie vielen Möglichkeiten ist das Thema Addieren und Subtrahieren als erstes gewählt?
d) Wie viele Möglichkeiten gibt es, wenn noch das Thema Sachaufgaben dazu kommt? Zeichne ein Baumdiagramm.

5 Anna darf zwischen diesen Themen wählen.

Geometrische Formen | **Addieren und** Subtrahieren | **Multiplizieren** und Dividieren

Wie viele Möglichkeiten gibt es? Zeichne ein Baumdiagramm.

6 Stelle dir einen eigenen Avatar zusammen. Finde verschiedene Kategorien und Möglichkeiten. Zeichne jeweils ein Baumdiagramm.

Vielfache

1 Hüpfe mit Ben über die Steine mit den Ergebnissen der Achterreihe.
Schreibe diese Vielfachen von 8 in dein Heft.

MERKE DIR

Vielfache sind alle Ergebnisse (Produkte) von Multiplikationsaufgaben, die zu einer Zahl gehören.

2 Schreibe immer die ersten zehn Vielfache der Zahl auf.

a) Vielfache von 3
b) Vielfache von 100
c) Vielfache von 6
d) Vielfache von 5

S. 62 / 2

a) Vielfache von 3: 3, 6,

3 Berechne die Vielfachen.

2	9	4	7
a) 5 · 2	b) 4 · 9	c) 7 · 4	d) 4 · 7
7 · 2	2 · 9	2 · 4	5 · 7
15 · 2	11 · 9	14 · 4	13 · 7
19 · 2	16 · 9	20 · 4	27 · 7

4 a) Schreibe alle Vielfachen von 5 auf, die zwischen 51 und 99 liegen.
b) Schreibe alle Vielfachen von 9 auf, die zwischen 45 und 85 liegen.
c) Schreibe alle gemeinsamen Vielfachen von 2 und 4 auf, die zwischen 27 und 47 liegen.

5 a) Mein Produkt ist das Vierfache von 100.

b) Das Zehnfache meiner Zahl ist 80. Wie heißt die Zahl?

c) Meine Zahl ist das Fünffache von 7.

d) Das Wievielfache von 4 ist 8?

e) Meine Zahl ist das Zweifache von 6.

f) 900 ist das Vielfache von 9. Mit welcher Zahl wurde vervielfacht?

6 Schreibe weitere Zahlenrätsel.

1: Begriff „Vielfache" über die Einmaleinsreihe mit 8 ableiten
2: Vielfache einer Zahl gehen über das Einmaleins hinaus
3 und 4: Aufgaben mit den Begriffen lösen und selbst finden

Teiler

1 Welche Zahlen sind Teiler von 12?

12 : 1 = 12
12 : 2 = 6
12 : 3 = 4
12 : 4 = 3
12 : 5 = 2 R 2
12 : 6 = 2

12 : 7 = 1 R 5
12 : 8 = 1 R 4
12 : 9 = 1 R 3
12 : 10 = 1 R 2
12 : 11 = 1 R 1
12 : 12 = 1

MERKE DIR

Teiler einer Zahl sind alle Zahlen, durch die ohne Rest geteilt werden kann.
Die 1 und die Zahl selbst sind auch Teiler.

2 Finde alle Teiler der Zahlen.

a) 8 b) 15 c) 16 d) 12 e) 18 f) 20

3 Richtig oder falsch? Prüfe die Teilbarkeit der Zahlen.

a) 40 ist durch 10 teilbar.
b) 35 ist durch 10 teilbar.
c) 64 ist durch 2 teilbar.
d) 50 und 32 sind durch 2 teilbar.
e) 57 und 45 sind durch 5 teilbar.
f) 90 und 65 sind durch 5 teilbar.
g) 75 und 50 sind durch 5 und 10 teilbar.

S. 63 / 3
a) richtig

4 Finde immer zehn passende Zahlen. Was fällt dir auf?

a) durch 10 teilbar
b) durch 2 teilbar
c) durch 5 teilbar
d) durch 4 teilbar

5

a) Meine Zahl ist der zehnte Teil von 70.

b) Mein Ergebnis ist die Hälfte von 62.

c) Der fünfte Teil meiner Zahl ist 8. Wie heißt die Zahl?

d) Meine Zahlen sind kleiner als 250 und durch 2, 5, 10 und 100 teilbar.

Hälfte
fünfter
zehnter
Teil

6 Anna verteilt ein Kartenspiel mit 42 Karten an die Kinder ihrer Klasse.
Sie möchte die Karten gleichmäßig und ohne Restkarten verteilen.
Wie viele Kinder können mitspielen?

1: Begriff „Teiler" erläutern, Teilbarkeit der Zahl 12 prüfen und deren Teiler finden
4: Ergebnisse vergleichen, Rechenregeln für die Teilbarkeit von 10, 2, 5 und 4 ableiten

APP

AH S. 36
ÜH S. 32

Multiplizieren

1 Erkläre.
Schreibe die Aufgaben und rechne.

M	HT	ZT	T	H	Z	E
						8
					3	0
				6	5	0

· 1 000 →
· 1 000 →
· 1 000 →

M	HT	ZT	T	H	Z	E
			8	0	0	0
		3	0	0	0	0
	6	5	0	0	0	0

2
a) 5 · 10
5 · 100
5 · 1 000
5 · 10 000
5 · 100 000

b) 3 · 1 000
60 · 1 000
85 · 1 000
930 · 1 000
819 · 1 000

c) 8 · 10 000
2 · 10 000
50 · 10 000
17 · 10 000
39 · 10 000

d) 7 · 100 000
9 · 100 000
0 · 100 000
4 · 100 000
10 · 100 000

3 Erkläre und rechne.

a) 3 · 400 = ☐
weil 3 · 4 = ☐

b) 9 · 2 000 = ☐
weil 9 · 2 = ☐

c) 5 · 70 000 = ☐
weil 5 · 7 = ☐

4
a) 8 · 3
8 · 30
8 · 300
8 · 3 000
8 · 30 000

b) 6 · 9
60 · 9
600 · 9
6 000 · 9
60 000 · 9

c) 4 · 7
4 · 70
40 · 70
40 · 700
400 · 700

d) 5 · 6
5 · 60
5 · 600
50 · 600
500 · 600

5
a) 30 000 · 8
7 000 · 90
200 · 600
60 · 4 000

b) 20 000 · 7
9 000 · 50
500 · 20
80 · 6 000

c) 4 000 · ☐ = 240 000
8 000 · ☐ = 560 000
600 · ☐ = 540 000
90 · ☐ = 720 000

6 Setze das richtige Zeichen ein: <, >, =.

a) 457 · 100 ○ 80 · 600
519 · 100 ○ 90 · 500
100 · 323 ○ 40 · 800

b) 20 · 300 ○ 6 · 1 000
420 · 100 ○ 6 · 700
30 · 200 ○ 7 · 900

c) 10 · 4 900 ○ 700 · 70
9 · 9 000 ○ 900 · 900
20 · 2 300 ○ 100 · 460

3 und 4: Grundaufgaben des kleinen Einmaleins zur Lösung nutzen 1 und 2:
Multiplizieren mit 10, 100, 1 000, 10 000, 100 000 mithilfe von Analogieaufgaben erarbeiten

APP
AH S. 37
ÜH S. 33

Dividieren

1 Erkläre und rechne.

a) 3 200 : 8 = ☐
weil 32 : 8 = ☐

b) 27 000 : 3 = ☐
weil 27 : 3 = ☐

c) 420 000 : 6 = ☐
weil 42 : 6 = ☐

2

a)	b)	c)	d)
35 : 5	36 : 9	49 : 7	32 : 4
350 : 5	360 : 9	490 : 7	320 : 4
3 500 : 5	3 600 : 9	4 900 : 7	3 200 : 4
35 000 : 5	36 000 : 9	49 000 : 7	32 000 : 4
350 000 : 5	360 000 : 9	490 000 : 7	320 000 : 4

3 Erklärе.
Schreibe die Aufgaben und rechne.

M	HT	ZT	T	H	Z	E		M	HT	ZT	T	H	Z	E
			4	0	0	0	: 100 →						4	0
		2	7	0	0	0	: 1 000 →						2	7
	1	5	0	0	0	0	: 3 000 →						5	0
	2	4	0	0	0	0	: 60 000 →							4

4

a)	b)	c)
60 000 : 1	72 000 : 8 000	540 000 : 9
60 000 : 10	72 000 : 8 000	540 000 : 90
60 000 : 100	72 000 : 800	540 000 : 900
60 000 : 1 000	72 000 : 80	540 000 : 9 000
60 000 : 10 000	72 000 : 8	540 000 : 90 000

5

a)	b)	c)
25 000 : 500	64 000 : 80	100 000 : 500
63 000 : 900	12 000 : 40	280 000 : 700
54 000 : 600	18 000 : 60	30 000 : 600
21 000 : 300	30 000 : 50	360 000 : 9 000

40 50 50
70 70 90
200 300 300
400 600 800

6

a)
24 000 : ☐ = 6 000
8 000 : ☐ = 200
4 500 : ☐ = 50
90 000 : ☐ = 3 000

b)
☐ : 500 = 800
☐ : 300 = 2 000
☐ : 90 = 900
☐ : 80 = 40

1 und 2: Grundaufgaben lösen und übertragen
3 und 4: Dividieren durch Vielfache von 10, 100, 1 000, 10 000, 100 000 mithilfe von Analogieaufgaben erarbeiten, Stellenwerte der Nullen thematisieren

APP

AH S. 38
ÜH S. 33

Multiplizieren – Rechenstrategien

1 Erkläre, wie Leo und Klara rechnen. Vergleiche die Aufgaben. Was stellst du fest?

3 · 15 = ▢	3 · 15 000 = ▢	4 · 39 = ▢	4 · 3 900 = ▢
3 · 10 = ▢	3 · 10 000 = ▢	4 · 30 = ▢	4 · 3 000 = ▢
3 · 5 = ▢	3 · 5 000 = ▢	4 · 9 = ▢	4 · 900 = ▢

2

a)	b)	c)	d)	e)
2 · 19	4 · 17	3 · 48	6 · 27 000	5 · 420
2 · 190	4 · 170	3 · 480	6 · 27	5 · 42 000
2 · 1 900	4 · 1 700	3 · 4 800	6 · 2 700	5 · 42
2 · 19 000	4 · 17 000	3 · 48 000	6 · 270	5 · 4 200

3

a)	b)	c)	d)	e)
3 · 12	7 · 1 700	7 · 32	4 · 8 500	4 · 14 000
6 · 18	6 · 1 100	2 · 96	9 · 2 100	9 · 230
9 · 130	9 · 16 000	6 · 420	9 · 33 000	0 · 9 600
8 · 150	5 · 19 000	4 · 650	3 · 75 000	5 · 460

0 36 108 192 224 1 170 1 200 2 070 2 300 2 520 2 600 6 600
11 900 18 900 34 000 56 000 95 000 144 000 225 000 297 000

4

a)	b)	c)	d)	e)
3 · 170	4 · 150	8 · 230	6 · 320	70 · 710
30 · 170	40 · 150	80 · 230	60 · 320	20 · 460
300 · 170	400 · 150	800 · 230	600 · 320	80 · 280

5 Erkläre, wie Max und Anna rechnen.

3 · 290 = ▢
3 · 300 = ▢
3 · 10 = ▢

5 · 320 = ▢
↓ · 2   ↓ : 2
10 · 160 = ▢

6 Rechne wie Max.

a)	b)
4 · 890	5 · 4 900
6 · 590	3 · 6 900
8 · 390	7 · 7 900

7 Rechne wie Anna.

a)	b)
5 · 640	50 · 3 600
5 · 860	50 · 6 200
5 · 480	50 · 8 400

8 Finde große Multiplikationsaufgaben, die du im Kopf rechnen kannst.

1 und 2: Analogien erkennen und nutzen 4: Auf den Verbleib der Nullen achten
5 bis 7: Rechenvorteile durch Zahlennähe und gegensinniges Verändern bei der Multiplikation nutzen
8: Beachten, dass leicht lösbare Aufgaben für jeden verschieden sein können

APP

AH S. 39
ÜH S. 34

Dividieren – Rechenstrategien

1 Erkläre, wie Lisa und Amir rechnen. Vergleiche die Aufgaben. Was stellst du fest?

2

a)	b)	c)	d)
2 800 : 2	9 100 : 7	14 100 : 3	31 500 : 50
2 800 : 20	9 100 : 70	14 100 : 30	31 500 : 5
2 800 : 200	9 100 : 700	14 100 : 300	31 500 : 500

3

a)	b)	c)	d)
84 : 7	480 : 30	23 500 : 5	1 140 : 30
65 : 5	1 080 : 90	19 600 : 2	4 590 : 90
910 : 7	1 260 : 70	25 600 : 8	1 680 : 20
680 : 4	1 080 : 60	32 400 : 6	1 960 : 70

12 12 13 16
18 18 28 38
51 84 130 170
3 200 4 700
5 400 9 800

4

a)	b)	c)	d)
85 : 5	76 : 4	288 : 9	492 : 6
850 : 5	760 : 4	2 880 : 9	4920 : 6
8 500 : 50	7 600 : 40	28 800 : 90	49 200 : 60
8 500 : 500	7 600 : 400	28 800 : 900	49 200 : 600

5 Erkläre, wie Mila rechnet.

6 Rechne wie Mila.

a)	b)	c)
395 : 5	2 940 : 60	760 : 4
196 : 4	2 970 : 30	870 : 3
792 : 8	3430 : 70	780 : 2

7 a) Die Möbelfabrik stellt 1 120 Schülertische für 80 Klassenräume her. An jedem Tisch können zwei Kinder sitzen. Wie viele Tische stehen in jedem Klassenraum?

b) Die Schule gibt 7 200 Euro für Möbel aus. Ein Schrank kostet 300 Euro. Wie viele Schränke hat die Schule gekauft?

1 und 2: Analogien erkennen und nutzen
4: Auf den Verbleib der Nullen achten
5: Rechenvorteile durch Zahlennähe nutzen

APP
AH S. 40
ÜH S. 35

Kilogramm und Gramm

ERINNERE DICH

Die Masse wird in **Kilogramm** (kg) und **Gramm** (g) angegeben.

1 kg = 1 000 g

1 Ordne die Haustiere nach ihrer Masse. Beginne mit dem leichtesten Tier.

20 g

800 g

29 kg 430 g

5 kg 250 g

2 200 g

150 g

2 Gib in Gramm an.

a)	b)	c)
4 kg	12 kg	44 kg
6 kg	80 kg	100 kg
10 kg	100 kg	305 kg

3 Gib in Kilogramm an.

a)	b)	c)
7 000 g	9 000 g	75 000 g
5 000 g	12 000 g	250 000 g
2 000 g	50 000 g	700 000 g

MERKE DIR

Das Komma trennt Kilogramm und Gramm.

		kg	g			
5 200 g	5 kg 200 g	5	2	0	0	5,200 kg
5 020 g	5 kg 20 g	5	0	2	0	5,020 kg
5 002 g	5 kg 2 g	5	0	0	2	5,002 kg

4 Gib in Kilogramm und Gramm an.

a)	b)
4,245 kg	12,600 kg
6,568 kg	10,370 kg
3,509 kg	15,036 kg
0,030 kg	20,007 kg

5 Gib in Gramm an.

a)	b)	c)
4 kg 675 g	5,575 kg	4,050 kg
7 kg 500 g	6,750 kg	0,005 kg
15 kg 204 g	14,500 kg	0,075 kg
45 kg 60 g	26,001 kg	0,100 kg

6 Gib die Masse der Haustiere aus **1** in drei verschiedenen Schreibweisen an.

7 Wie viel Gramm sind es?

a) $\frac{1}{2}$ kg b) $\frac{1}{4}$ kg c) $\frac{3}{4}$ kg

1: Einheiten der Masse wiederholen, auf unterschiedliche Schreibweisen eingehen
2 und 3: Auf Umrechnungszahlen verweisen, an Beispielen erklären 4 und 5: Kommaschreibweise mithilfe des Merksatzes erarbeiten, B-KV 12 nutzen 7: Gebräuchliche Brüche kennenlernen

APP

AH S. 41
ÜH S. 36

Tonne und Kilogramm

MERKE DIR

Sehr große Massen gibt man in Tonnen (t) an.

1 Tonne sind 1 000 kg.
1 t = 1 000 kg

1 Wie viel wiegen die abgebildeten Tiere? Gib ihre Masse in Kilogramm und Tonne an.

3 000 kg

5 000 kg

2 000 kg

120 000 kg

2 Findet weitere Tiere oder andere Dinge, deren Masse man in Tonnen angeben kann. Nutzt dazu ein Lexikon oder das Internet.

3 Gib in Kilogramm an. 6 t | 4 t | 2 t | 10 t | 85 t | 150 t | 280 t

MERKE DIR

Das Komma trennt Tonne und Kilogramm.

		t	kg			
1 500 kg	1 t 500 kg	1	5	0	0	1,500 t
1 050 kg	1 t 50 kg	1	0	5	0	1,050 t
1 005 kg	1 t 5 kg	1	0	0	5	1,005 t

4 Schreibe mit Komma.

a) 4 t 635 kg
8 t 300 kg
17 t 73 kg

b) 3228 kg
5320 kg
4003 kg

c) 827 kg
30 kg
5 kg

5 Gib in Kilogramm an.

a) 5 t 675 kg
8 t 500 kg
40 t 204 kg

b) 3,637 t
28,035 t
0,090 t

6 Gib in Kilogramm an.

$\frac{1}{2}$ t | $\frac{1}{4}$ t | $\frac{3}{4}$ t

7 Ein Kind der 4. Klasse wiegt ungefähr 40 Kilogramm. Wiegen alle Kinder deiner Klasse eine Tonne?

8 Was bedeutet eine Dezitonne? Wann verwenden wir sie?

1 bis 3: Begriff „Tonne" einführen, Größenvorstellung entwickeln
4 und 5: Kommaschreibweise einführen, besprechen und anwenden, B-KV 12 nutzen
6: Gebräuchliche Brüche kennenlernen 7: Aufgabe rechnerisch lösen

Tonne, Kilogramm und Gramm

1 Ordne die Masseangaben richtig zu.

MERKE DIR

Bei Größenangaben mit Komma werden die Nullen am Ende oft weggelassen.

2,300 t = 2,3 t   1,250 kg = 1,25 kg   3,030 kg = 3,03 kg

2 Finde die passenden Paare.

2,5 kg	2,05 t	2,500 kg	2,050 t	2,020 kg
0,25 kg	0,250 kg	2,02 kg	5,02 t	5,020 t

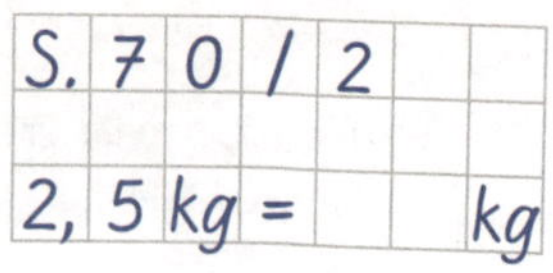

3 a) Gib in Gramm an.

A 

B 

C 

D 

E 

b) Ordne die Massenangaben, beginne mit der kleinsten.

4 a) Gib in Kilogramm an.

A 

B 

C 

D 

E 

b) Ordne die Massenangaben, beginne mit der größten.

5 Was bedeutet ein Milligramm? Wann verwenden wir es?

1: Größenvorstellungen entwickeln
2 bis 4: Umgang mit Nullen nach dem Komma bei Größenangaben thematisieren und beim Umwandeln beachten

APP

AH S. 41–42
ÜH S. 37

Liter und Milliliter

ERINNERE DICH

Der Rauminhalt (Volumen) wird in **Liter** (l) und **Milliliter** (ml) angegeben.

1 l = 1 000 ml

1 Nenne Beispiele für Rauminhalte, die in Liter oder Milliliter angegeben werden.

2 Gib in Milliliter an.

a) 4 l, 6 l b) 10 l, 43 l c) 100 l, 250 l

3 Gib in Liter an.

a) 3 000 ml, 2 500 ml b) 5 000 ml, 52 000 ml c) 28 000 ml, 100 000 ml

MERKE DIR

Das Komma trennt Liter und Milliliter.

		l	ml			
1 500 ml	1 l 500 ml	1	5	0	0	1,500 l oder 1,5 l
1 050 ml	1 l 50 ml	1	0	5	0	1,050 l oder 1,05 l
1 005 ml	1 l 5 ml	1	0	0	5	1,005 l

4 Immer zwei Angaben sind gleich. Ordne zu.

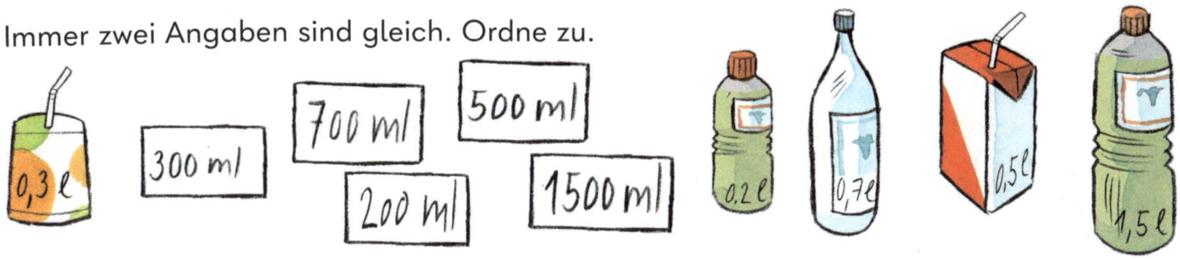

5 Gib in Milliliter an.

a) 1 l 365 ml, 2 l 700 ml, 25 l 002 ml b) 1,758 l, 6,095 l, 62,5 l

6 Schreibe mit Komma.

a) 5 l 245 ml, 16 l 20 ml, 85 l 1 ml b) 5 608 l, 1 605 l, 32 020 l c) 1 000 ml, 500 ml, 250 ml

7 Vergleiche die Rauminhalte: <, >, =.

a)
0,2 l ◯ 250 ml
3 l ◯ 300 ml
0,2 l ◯ 200 ml
1 ml ◯ 1 l
0,75 l ◯ 750 ml

b)
$\frac{1}{2}$ l ◯ 700 ml
750 ml ◯ $\frac{3}{4}$ l
0,33 l ◯ 0,225 ml
$\frac{1}{4}$ l ◯ 250 ml
0,7 l ◯ 770 ml

8 Eine Person verbraucht etwa 130 Liter Wasser am Tag. Wie viel Liter sind das in einem Haushalt mit 4 Personen

a) an einem Tag? b) in einer Woche?

1: Einheiten der Rauminhalte wiederholen, Beispiele aus der Umwelt finden
4: Kommaschreibweise einführen, besprechen und anwenden, B-KV 12 nutzen
7: Umwandeln in eine Einheit thematisieren

APP
AH S. 43
ÜH S. 38

Rechnen mit Größen

1 Reicht das Geld? Überschlage zuerst. Rechne dann genau.

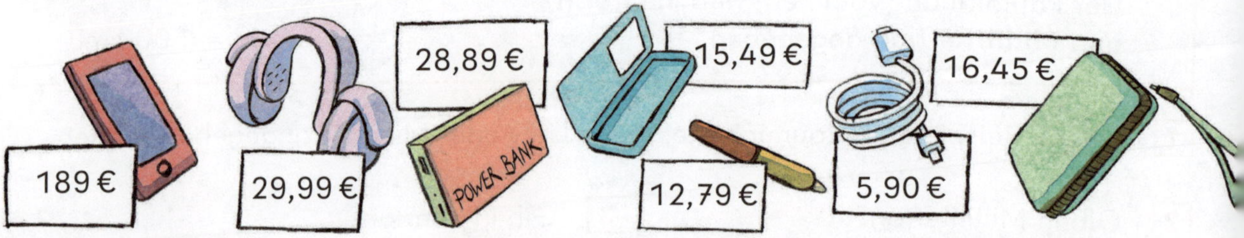

a) Max hat 250 Euro. Davon möchte er sich ein Handy, eine Handyhülle und Kopfhörer kaufen.
b) Lisa hat 80 Euro. Sie möchte sich eine Powerbank, neue Kopfhörer und eine Handytasche kaufen.
c) Leo hat 210 Euro. Er möchte sich ein Handy, ein Ladekabel und einen Touchscreen-Stift kaufen.

2 Überschlage zuerst, rechne dann schriftlich.

a) 13,25 € + 25,60 €
169,99 € + 46,35 € + 123 €
250,45 € + 125,06 €
835,05 € + 64 € + 0,25 €

b) 35,525 t – 2,5 t
335,352 kg – 226,6 kg
4,8 t – 2,25 t
500 kg – 25,225 kg – 2,7 kg

3 In einem Sportgeschäft sind folgende Artikel im Angebot.

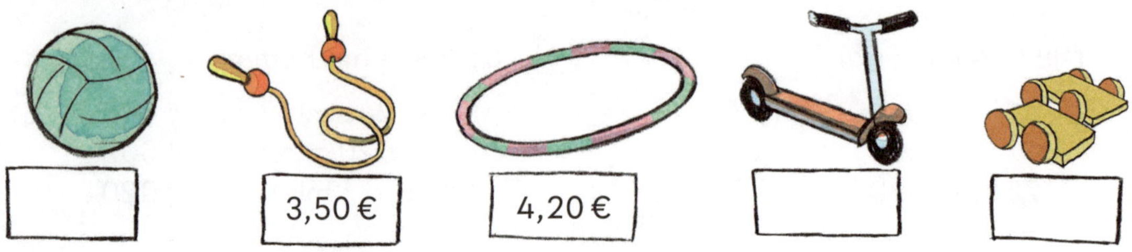

Übertrage die Tabelle in dein Heft und berechne die Preise.

Anzahl	Ball	Seil	Reifen	Roller	Pedalo
1					
2					
5				225 €	540 €
10	150 €				

4 Stell dir vor, deine Grundschule hat 500 Euro zur Verfügung. Du darfst dafür Spielgeräte aussuchen. Was kaufst du?

1 und 2: Überschlagen von Größenangaben mit Kommazahlen wiederholen
3: Proportionalität zum Lösen nutzen, Vorgehen an einem Beispiel besprechen

APP
AH S. 44
ÜH S. 39

Sachaufgaben mit Größen

1 1990 lebten 12 320 Tiere im Zoo.
Heute sind es 15 665 Tiere.

2 Dem Zoo werden wöchentlich
3 220 Kilogramm Heu und
das Zwölffache an Stroh geliefert.

3 Letzte Woche wurde ein Elefantenkalb geboren.
Es wog 120 Kilogramm.
Jeden Tag wird es etwa 1 000 Gramm zunehmen.

a) Wie viel wiegt der kleine Elefant nach einem Jahr?

b) Nach wie vielen Jahren ist es ungefähr so schwer wie seine Mutter, die 3,8 Tonnen wiegt?

4 Im Löwengehege leben vier Löwen. Sie werden dreimal in der Woche gefüttert. Sie bekommen $10\frac{1}{2}$ Kilogramm Fleisch.

a) Wie viele Kilogramm Fleisch fressen die Löwen in einer Woche?

b) Wie viele Tonnen müssen für den Monat Mai bestellt werden?

5 Die Grundschule „Am Zoo" hat eine Patenschaft für die Pinguine übernommen.
Dafür spendet sie monatlich 20 Euro.

a) Wie viel bezahlt die Grundschule im Jahr für die Pinguine?

b) Die Patenschaft besteht seit 20 Jahren.
Wie viel Geld wurde seitdem gespendet?

6 Für das Affenhaus benötigt der Zoo 540 Liter Wasser pro Tag.
Wie viele Affen leben hier, wenn ein Affe etwa 6 Liter Wasser verbraucht?

7 Der Eintritt in den Zoo kostet für Kinder 14 Euro und
für Erwachsene 22 Euro.

a) Berechne den Eintrittspreis für deine Familie.

b) Wie viel Geld könnt ihr sparen, wenn ihr eine Familienkarte kauft?

c) Wie viel Geld muss deine Klasse mit zwei Erwachsenen bezahlen?

FAMILIENKARTE	
2 Erwachsene 2 Kinder	70 €
jedes weitere Kind	5 €

1 bis 7: Struktur der Sachaufgaben erfassen und durch Anwendung unterschiedlicher Strategien lösen

APP

BIST DU FIT?

1 Lies die Anzahl der freilebenden Raubkatzen auf der Erde aus dem Piktogramm ab.

2 Amir, Mila, Ben und Lisa laufen um die Wette.
Welche möglichen Zieleinläufe gibt es? Wähle eine geeignete Darstellung.

3 a) Schreibe alle Vielfachen von 4 auf, die zwischen 20 und 50 liegen.
b) Finde alle Teiler von 36.

4

a)	b)	c)	d)
5 · 60	40 · 30	4 · 510	2 300 · 3
5 · 400	20 · 800	6 · 260	4 500 · 7
5 · 6 000	800 · 40	80 · 240	2 400 · 40
5 · 80 000	700 · 90	20 · 680	7 700 · 90

5

a)	b)	c)	d)
420 : 6	36 000 : 6	3 690 : 90	2 400 : 800
4 200 : 6	36 000 : 60	6 440 : 70	960 : 40
42 000 : 6	36 000 : 600	4 224 : 6	1 809 : 9
420 000 : 6	36 000 : 6 000	99 000 : 900	54 060 : 60

6 Ordne die Massen der Größe nach, beginne mit der schwersten.

4 200 kg | 4 t | 5 kg 800 g | 4 840 g | 4 t 20 kg | 342 g

7 Gib in drei verschiedenen Schreibweisen an.

3,5 l | 6 000 ml | 4 l 250 ml

6,008 l | 500 ml | 10 l 40 ml

Massen von Tieren recherchieren

1 a) Sucht die Masse der Tiere im Internet.
Ordnet die Tiere nach ihrer Masse.
Beginnt mit dem leichtesten Tier.

Oft sind die Männchen schwerer als die Weibchen.

Großer Panda

Schimpanse

Mississippi-Alligator

Rotfuchs

Regenwurm

Galapagos Riesenschildkröte

Laubfrosch

Pottwal

b) Sprecht darüber, wie ihr die Informationen im Internet gefunden habt.

2 Findet jeweils drei Tiere.
a) die mehr als 100 Tonnen wiegen
b) die zwischen 1 und 10 Tonnen wiegen
c) die weniger als 100 Gramm wiegen
d) die zwischen 1 und 10 Kilogramm wiegen

3 a) Welches Tier ist das schwerste noch lebende Säugetier?
b) Welches Tier ist das leichteste noch lebende Säugetier?

4 Findet interessante Angaben über eure Lieblingstiere.
Fertigt Steckbriefe an.
Stellt sie eurer Klasse vor.

Masse | Alter | Größe | Futtermenge

Achsensymmetrische Figuren

ERINNERE DICH

Eine Figur ist symmetrisch,
wenn beide Hälften deckungsgleich sind.
Sie spiegeln sich an der Symmetrieachse.

1 Wie viele Symmetrieachsen haben die Figuren? Ordne zu.

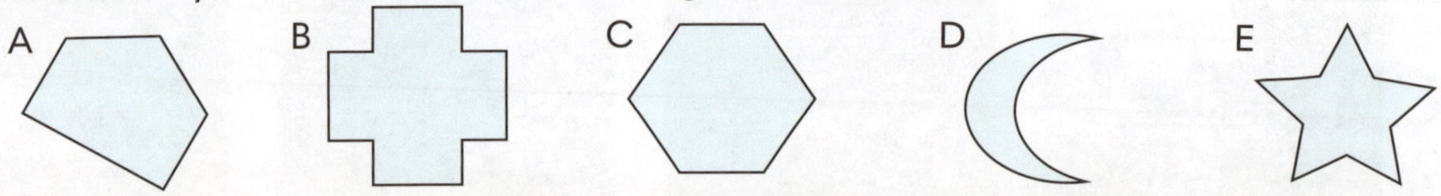

1 Symmetrieachse | 2 Symmetrieachsen | 4 Symmetrieachsen | 5 Symmetrieachsen | 6 Symmetrieachsen

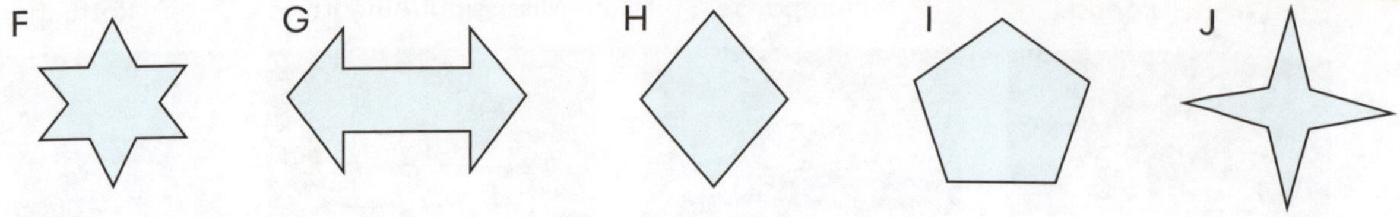

2 Übertrage die Figuren in dein Heft. Ergänze sie zu einer achsensymmetrischen Figur.

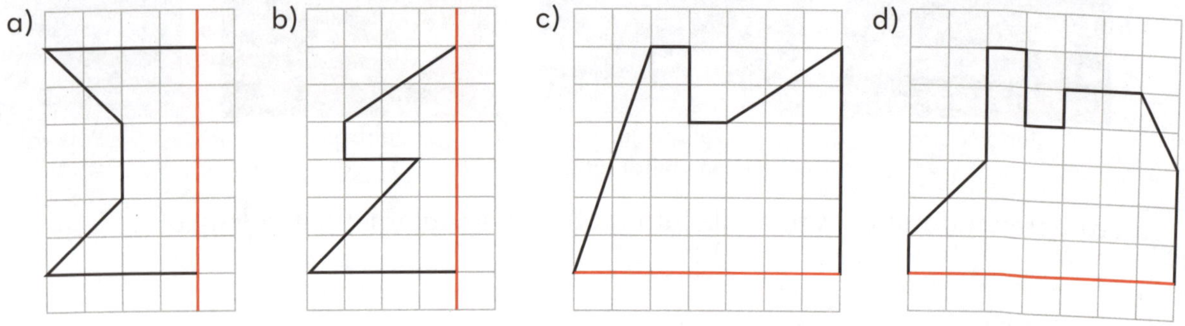

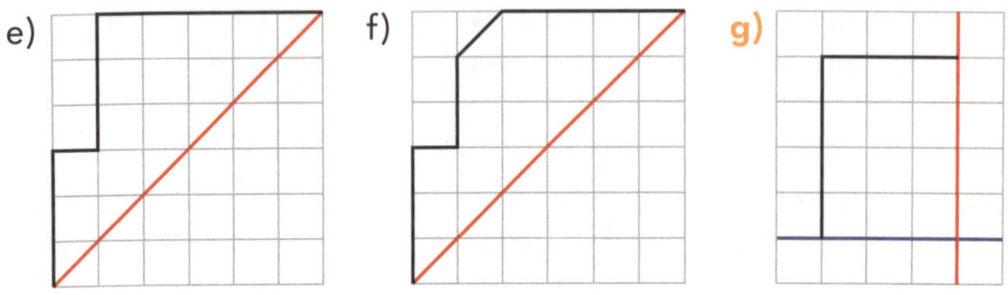

3 Falte ein A4-Blatt in der Mitte an der langen Seite. Schreibe deinen Vornamen auf das Blatt, benutze die Faltlinie als Schreiblinie. Spiegle deinen Namen am Fenster. Gestalte dein Kunstwerk symmetrisch.

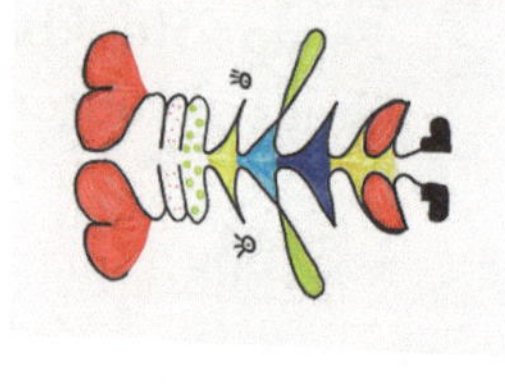

1: Symmetrieachsen mithilfe des Spiegels überprüfen, B-KV 13 nutzen
2: B-KV 14 nutzen
3: Bilder fächerverbindend im Kunstunterricht erstellen

APP

AH S. 45
ÜH S. 40

Zueinander symmetrische Figuren

1 Bilder und Figuren können auch gespiegelt werden.
Finde die fünf Fehler in dem Spiegelbild.

2 Max hat an der Symmetrieachse die Figur gespiegelt.
Beschreibe die Eigenschaften der entstandenen Figur.

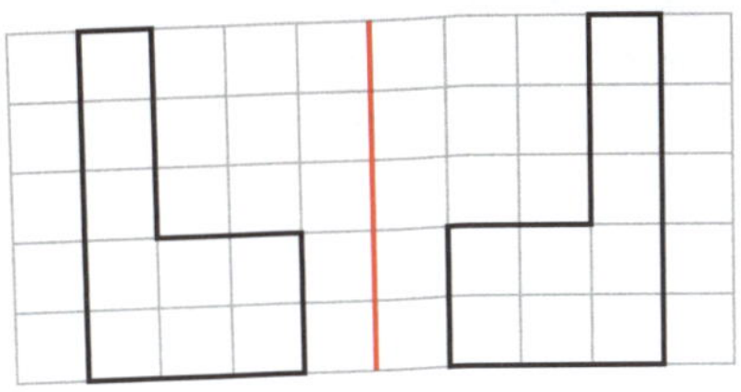

Abstand

zueinander symmetrisch

genau

Seitenlänge

deckungsgleich

3 Welche Figuren sind zueinander symmetrisch, welche nicht? Begründe.

a)
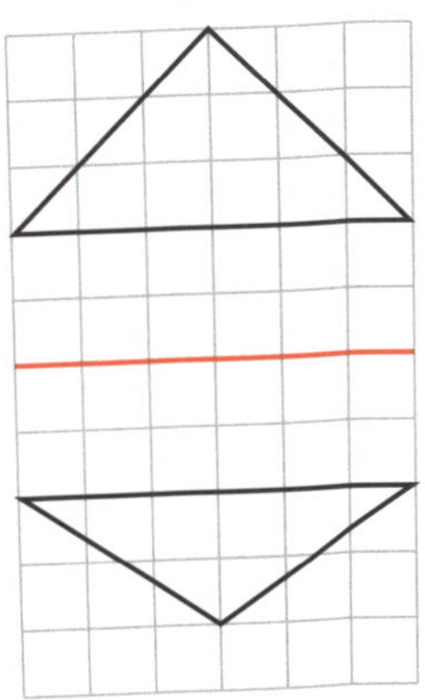

b)
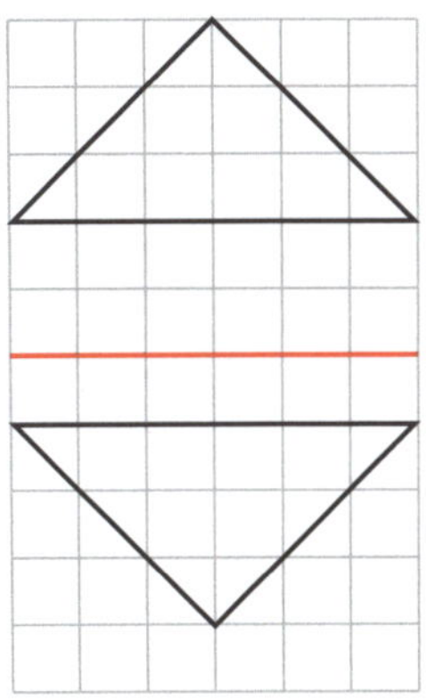

c)
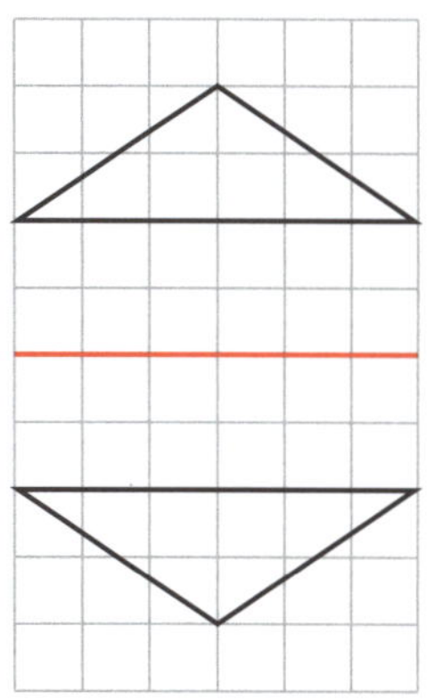

d)
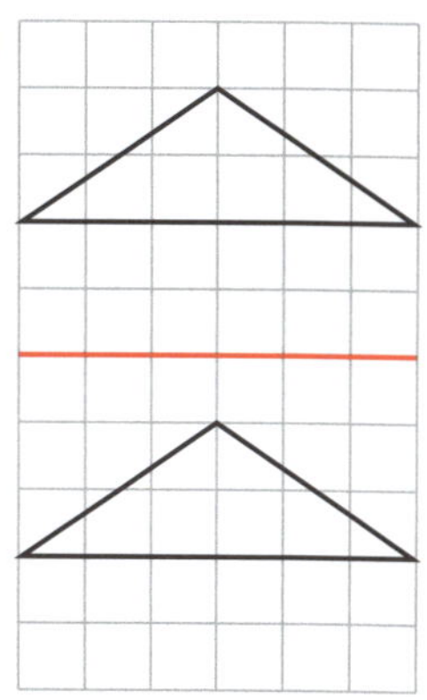

4 Übertrage die Figuren in dein Heft. Zeichne die gespiegelte Figur.

a)
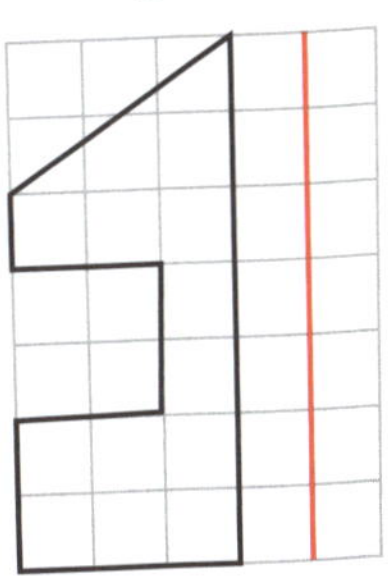

b)
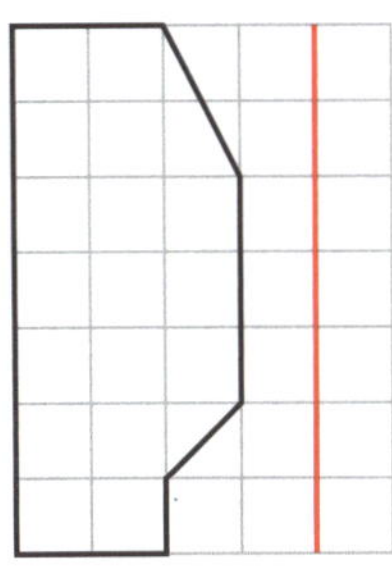

c)
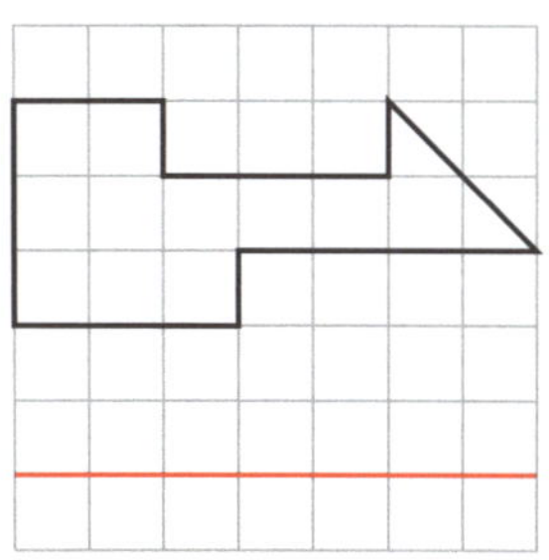

d)
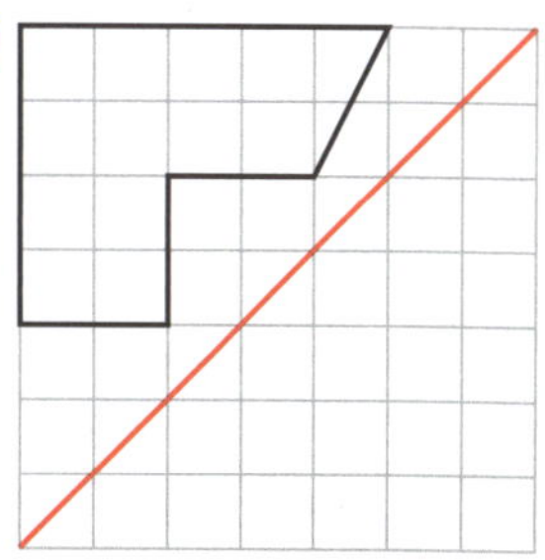

2: Besonderheiten der Spiegelsymmetrie erkennen und Eigenschaften beschreiben
3: Zueinander symmetrische Figuren identifizieren
4: Figuren übertragen und spiegeln, auf Abstand zur Symmetrieachse achten, B-KV 15 nutzen

Flächeninhalt

1 Wer hat recht? Begründe.

MERKE DIR

Die **Größe der Fläche** wird **Flächeninhalt** genannt.
Sie kann durch Zählen von gleichgroßen Figuren in der Fläche ermittelt werden.

2 a) Welche Figur hat die kleinste Fläche? Schätze.
b) Ermittle den Flächeninhalt der Figuren.
c) Beschreibe deine Strategie beim Zählen der Dreiecke.

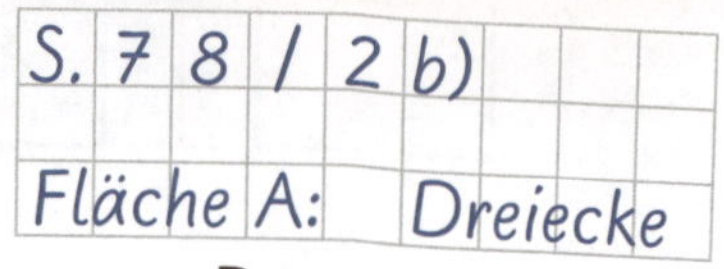

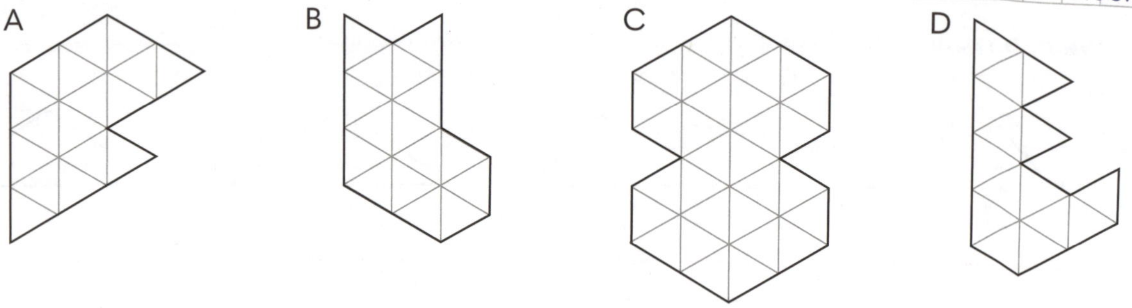

3 Immer zwei Figuren haben denselben Flächeninhalt. Schreibe die Buchstaben auf.

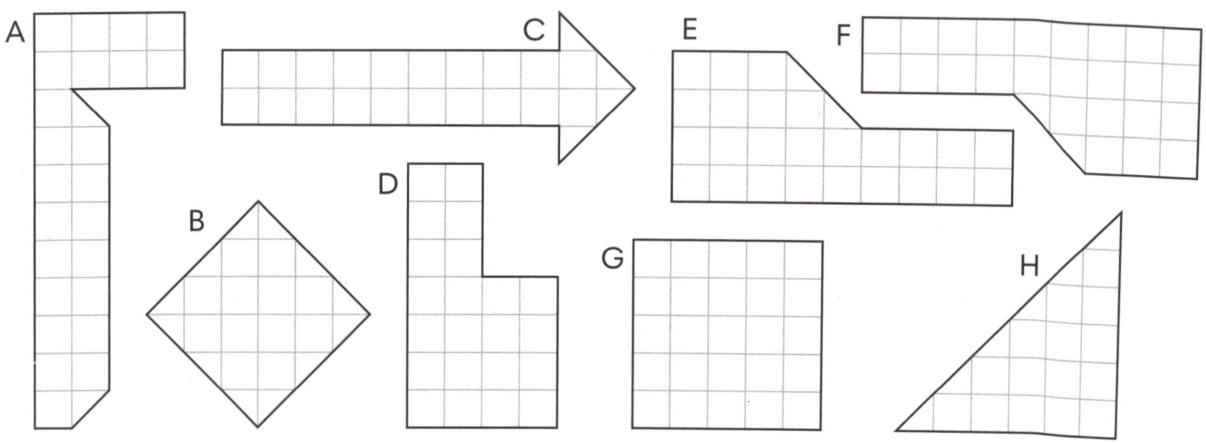

1: Vergleichen der Größe der Flächen über Auszählen der Quadrate
2: Flächeninhalt über die Anzahlermittlung gleich großer Flächen, Zählstrategien besprechen
3: Flächengleiche Figuren finden, Strategien nutzen

APP

AH S. 46
ÜH S. 41

4 Mila und Max haben zwei Rechtecke gezeichnet.

Mila: $\overline{AB} = 3$ cm Max: $\overline{AB} = 2$ cm

$\overline{BC} = 5$ cm $\overline{BC} = 7$ cm

a) Zeichne die Rechtecke auf ein Blatt.
b) Wie kannst du die Flächen vergleichen?
Beschreibe deine Strategie einem anderen Kind.

MERKE DIR

Der **Flächeninhalt** einer Figur kann über das Zählen oder Auslegen mit Einheitsquadraten ermittelt werden.
Das ist ein **Einheitsquadrat** mit einer Seitenlänge von 1 cm: 

5 Stelle ein Einheitsquadrat mit einer Länge von 1 cm her.
Wie viele Einheitsquadrate passen in die Flächen?

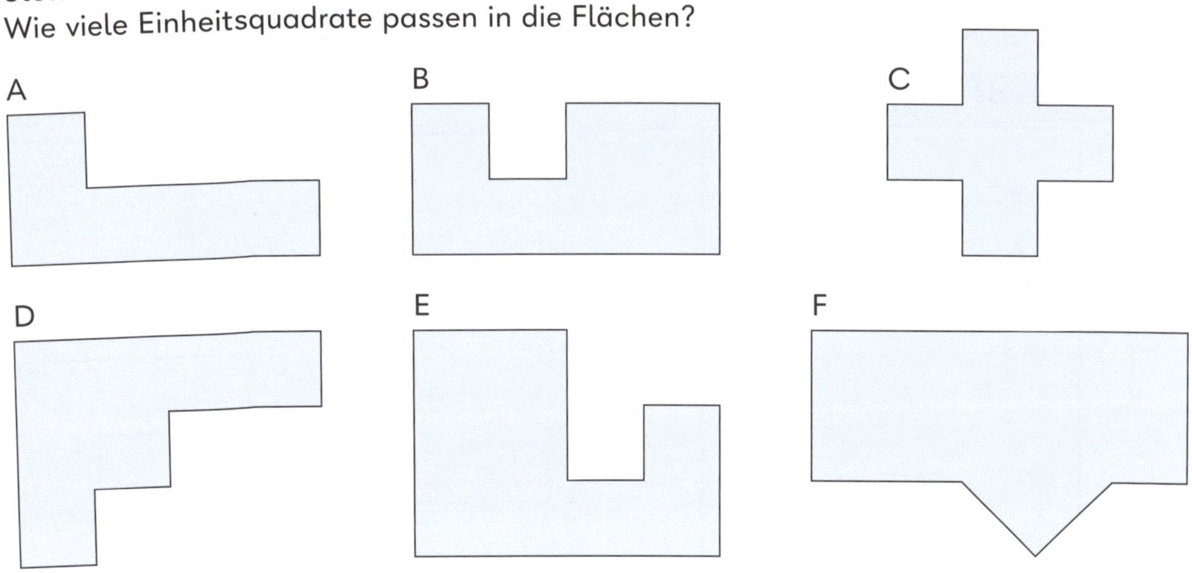

6 Zeichne eine Figur aus Einheitsquadraten.
Ein anderes Kind ermittelt den Flächeninhalt.

7 a) Zeichnet verschiedene Figuren mit einem Flächeninhalt von 6 Einheitsquadraten. Wie viele verschiedene Figuren findet ihr?
b) Vergleicht mit einer anderen Gruppe.

8 a) Zeichne verschiedene Rechtecke mit einem Flächeninhalt von 12 Einheitsquadraten.
b) Finde Multiplikationsaufgaben zu deinen Rechtecken.
c) Was fällt dir auf?

4: Möglichkeiten zum Vergleichen von Flächen entdecken
5: Einheitsquadrat ($1 cm^2$) herstellen, B-KV 16 nutzen, Flächeninhalt durch Auslegen mit Einheitsquadraten ermitteln 8: Flächeninhalt kann bei unterschiedlichen Flächen gleich groß sein

AH S.46
ÜH S.41

Flächenumfang

1 Frau Erwin möchte ein Außengehege für ihre Kaninchen bauen.
Sie hat 16 Zaunfelder, die alle 1 Meter lang sind.
Lege mit 16 Stäben ein Gehege. Vergleicht eure Figuren.

MERKE DIR

Der **Umfang (U)** einer Figur ist die Gesamtlänge des Randes dieser Figur.

2 Ermittle den Umfang der Figuren. Eine Kästchenbreite ist 1 cm.

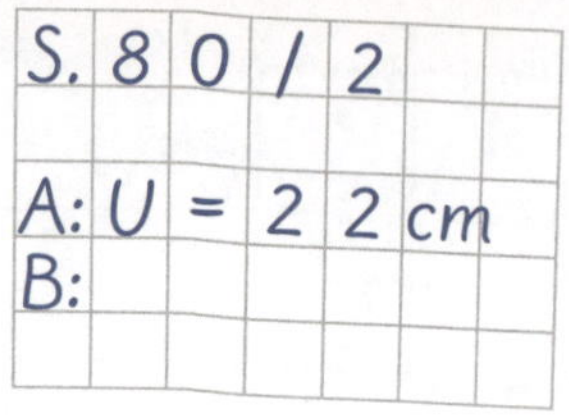

A

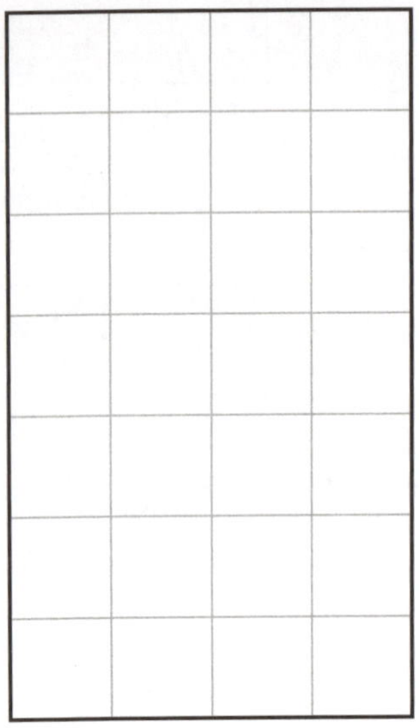

B

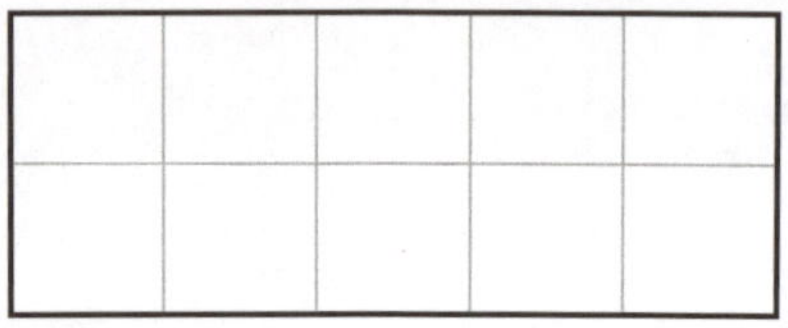

C

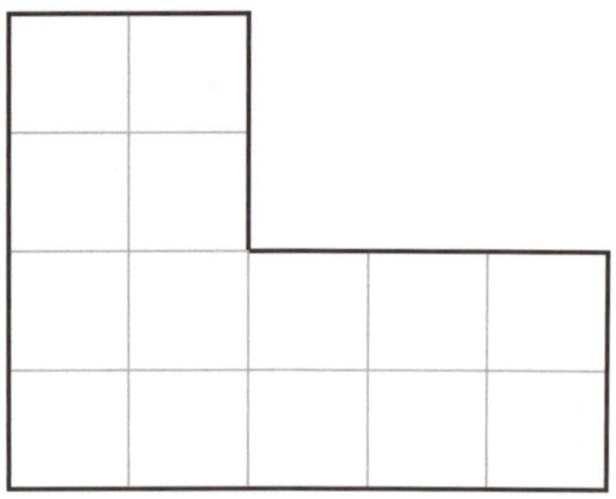

D

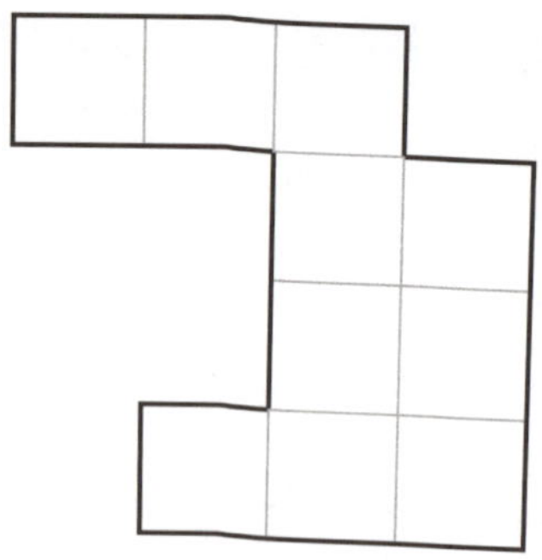

3 a) Zeichne die Quadrate und ermittle den Umfang.

$\overline{AB} = 4$ cm
$\overline{AB} = 5$ cm
$\overline{AB} = 5{,}5$ cm

b) Zeichne die Rechtecke und ermittle den Umfang.

$\overline{AB} = 3$ cm $\quad \overline{BC} = 5$ cm
$\overline{AB} = 4$ cm $\quad \overline{BC} = 2$ cm
$\overline{AB} = 2{,}5$ cm $\quad \overline{BC} = 3{,}5$ cm

4 Erkläre einem anderen Kind, wie du ohne das Viereck zu zeichnen, den Umfang errechnen kannst.

1: Verschiedene Flächen legen, Umfang als Rand einer Figur entdecken
2: Umfang der Figuren durch Auszählen ermitteln 3: Umfang der Figuren von Rechtecken ermitteln, Strategie entdecken 4: Strategie zur Ermittlung des Umfangs von Rechtecken erläutern

APP

AH S. 47
ÜH S. 42

Flächeninhalt und Flächenumfang

1 a) Ermittle den Flächeninhalt der Figuren.
b) Finde die zwei Figuren mit dem gleichen Flächeninhalt.
Ermittle von beiden Figuren jeweils den Umfang der Fläche. Was stellst du fest?

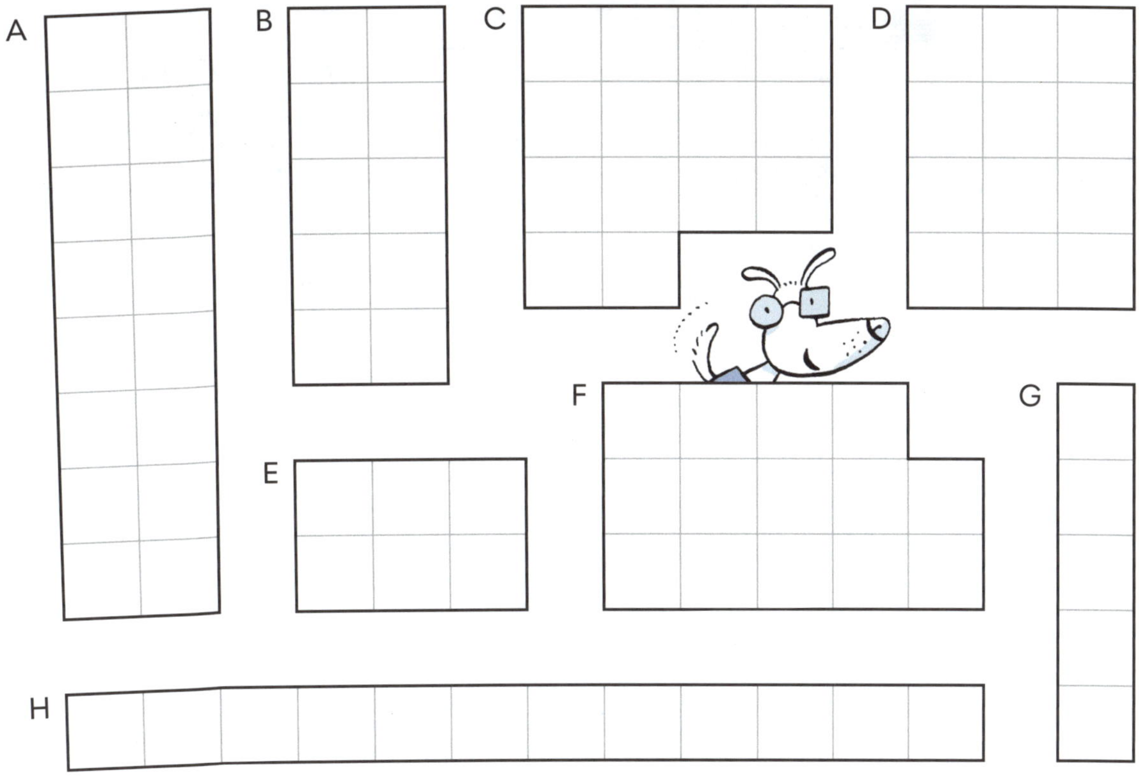

2 a) Zeichnet verschiedene Rechtecke und Quadrate mit dem Umfang U = 16 cm.
b) Ermittelt den Flächeninhalt der Figuren.

3 a) Übertrage die Figur in dein Heft und ermittle den Flächeninhalt und den Umfang.
b) Verdopple die Seitenlängen der Figur.
c) Wie verändern sich Flächeninhalt und Umfang?

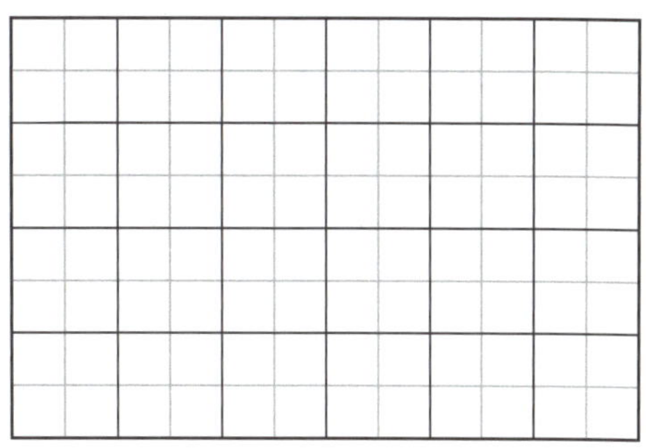

4 Ein Fußballfeld ist 12 Meter breit und 24 Meter lang. Die Außenlinien sollen neu markiert werden.
Reicht eine Rolle Markierungsband?

1 und 2: Erkenntnis, dass der Flächeninhalt bei gleichem Umfang unterschiedlich sein kann, gewinnen
3: c) Umfang wird verdoppelt, Flächeninhalt vervierfacht

APP
AH S. 47
ÜH S. 42

Vergrößern und Verkleinern

1 Erkläre, wie die Kinder das Quadrat vergrößert und verkleinert haben.

2 Zeichne ein Quadrat mit der Seitenlänge von 4 Kästchen.

a) Verdopple die Seitenlänge und zeichne das Quadrat.
b) Halbiere die Seitenlänge und zeichne das Quadrat.

3 Zeichne die Figuren. Verdopple die Seitenlänge.

a) 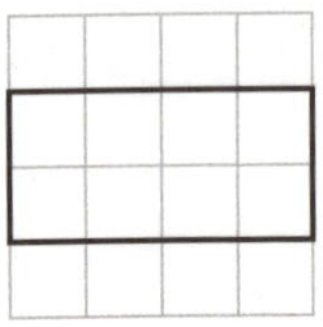
b) 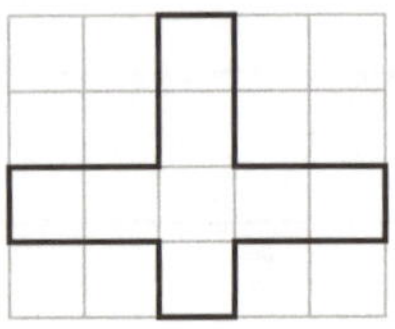
c) 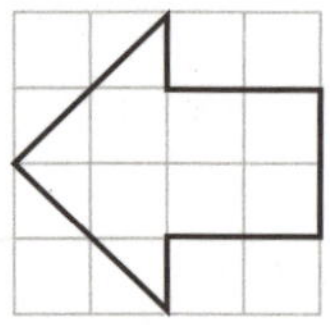
d) 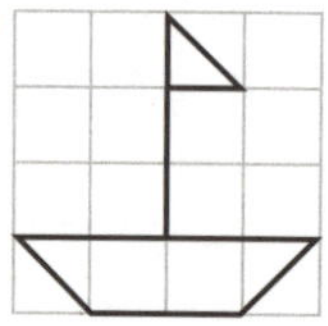
e) 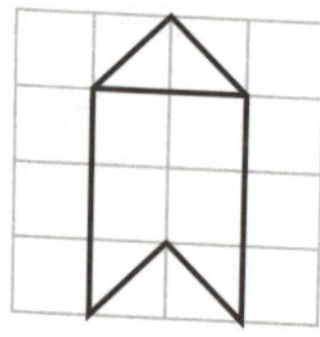

4 Zeichne die Figuren. Halbiere die Seitenlänge.

a) 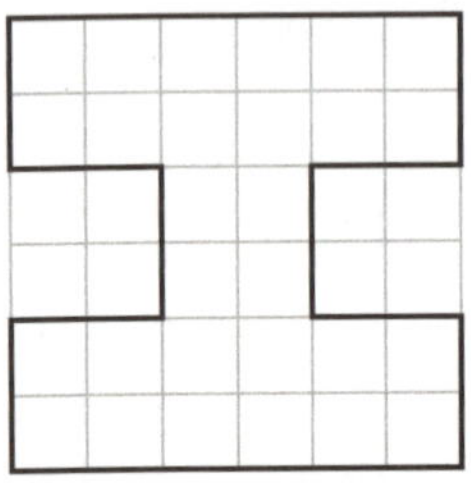
b) 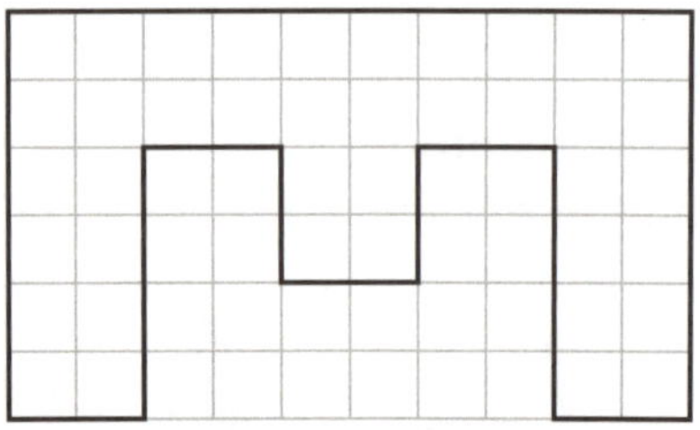
c) 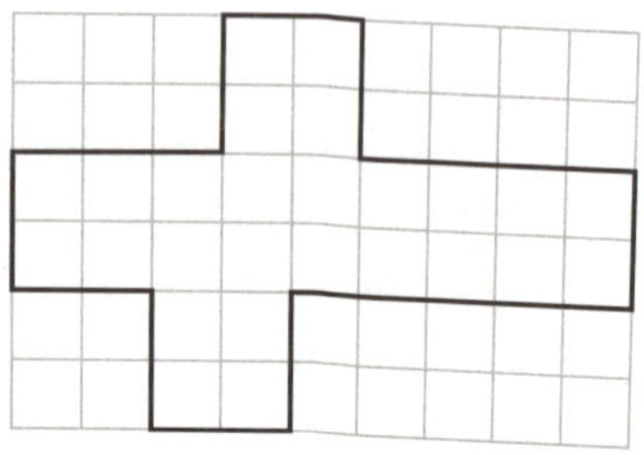

5 Zeichne die Figuren. Verdreifache die Seitenlänge.

a) 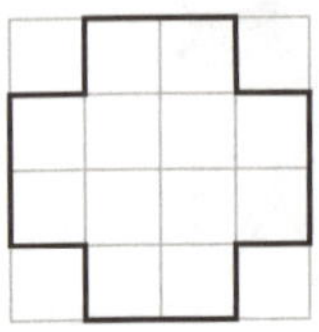
b) 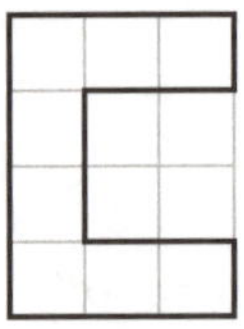
c) 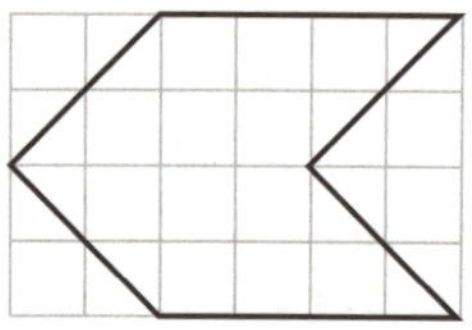
d) 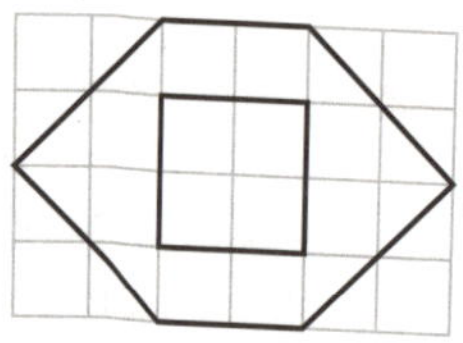

1: Begriff „Original“ einführen, Erkenntnis gewinnen, dass beim Verkleinern und Vergrößern von Figuren, die Seitenlängen verkleinert und vergrößert werden

AH S. 48
ÜH S. 43

Maßstab

1 Kleine Gegenstände und Lebewesen, können mit einer Lupe, einem Mikroskop oder dem Zoom vergrößert betrachtet werden.

2 Miss die gekennzeichneten Längen in den Bildern. Bestimme die Originalgröße.

a) 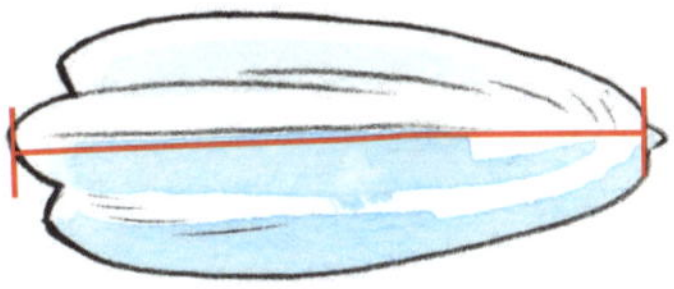
4 : 1

b) 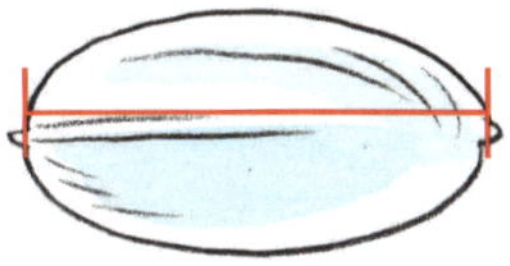
6 : 1

c) 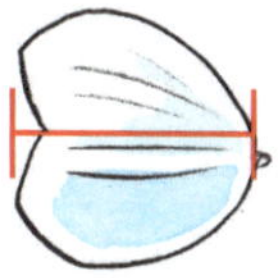
2 : 1

d) 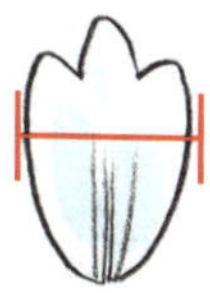
3 : 1

3 Amir sammelt Modellautos. Sein Auto ist 30 Zentimeter lang.

a) Wie lang ist das Auto im Original?

b) Berechne die Längen des Originals.

	Modell	Original
Höhe	9 cm	
Breite	11 cm	
Raddurchmesser	4 cm	

MERKE DIR

	Bild		Original
Maßstab	2	:	1
sprich	2	zu	1

Die Blüte ist zweimal vergrößert.
2 cm im Bild sind 1 cm im Original.

	Modell		Original
Maßstab	1	:	18
sprich	1	zu	18

5 cm im Modell sind 90 cm im Original
5 cm · 18 = 90 cm

4 Miss die Längen der Modelle. Bestimme die Originalgröße. Gib in Meter an.

1 : 1 000

1 : 240

1 : 16

1 : 2 000

1: Maßstab beim Vergrößern an verschiedenen Beispielen besprechen
2 und 4: Längen zum leichteren Rechnen in Millimetern messen
3: Maßstab beim Verkleinern am Beispiel des Modellautos besprechen

Maßstab

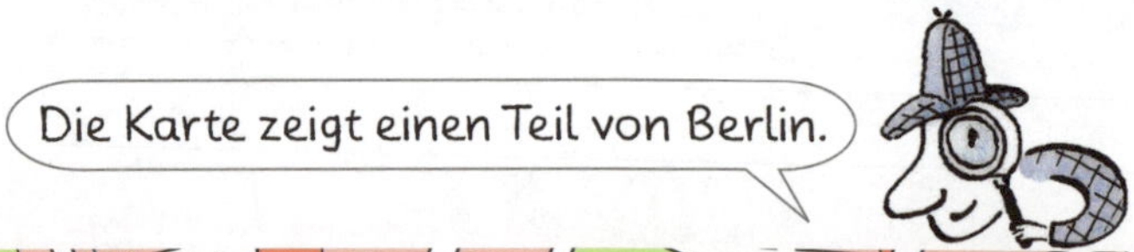

1 Rechne in Meter um.

2 Klara misst die Länge des Weges vom Roten Rathaus ⑦ zum Berliner Dom ⑤ auf der Karte. Sie beträgt 3 Zentimeter. Wie viele Meter sind es in Wirklichkeit?

3 Wie viele Meter sind es in Wirklichkeit?

a) vom Berliner Schloss ⑥ zum Französischen Dom ⑨
b) vom Brandenburger Tor ⑧ zum S-Bahnhof Friedrichstraße ①

4 Wie lang ist die Gesamtstrecke?

a) Ben, Lisa und Max laufen vom S-Bahnhof Friedrichstraße ① zur Humboldt-Universität ④ und danach zum Fernsehturm ②.
b) Vom Reichstagsgebäude ③ laufen Mila, Leo und Anna über den Potsdamer Platz ⑩ zum Französischen Dom ⑨.

5 Plant eine Besichtigungstour. Berechnet die ungefähre Länge des Weges.

Karte betrachten: Welche Informationen kann man entnehmen?
Über Berlin recherchieren
3 bis 4: Beim Messen der Abstände Ungenauigkeiten berücksichtigen

APP

AH S. 50
ÜH S. 45

Orientierung im Raum

PROJEKTTAG

Raum 1 - Experimente
Raum 2 - Musizieren
Raum 3 - Yoga
Gruppenraum - Origami
Hortraum - Entspannung

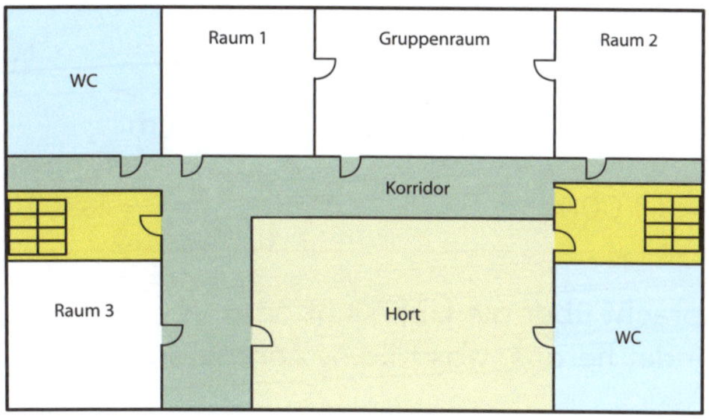

1 Die vierten Klassen haben Projekttag. Es werden verschiedene Stationen angeboten. Beschreibe die Wege der Kinder.

a) Nach dem Yoga möchte Amir zum Musizieren.
b) Klara geht vom Origami zu den Experimenten.
c) Leo möchte nach dem Experimentieren entspannen.
d) Ben geht von Raum 2 zum Hortraum.
e) Mila muss nach dem Experimentieren zur Toilette.
f) Welche Stationen möchtest du besuchen? Beschreibe deinen Weg.

2 Im Flur der Waldgrundschule hängt dieser Flucht- und Rettungsplan.

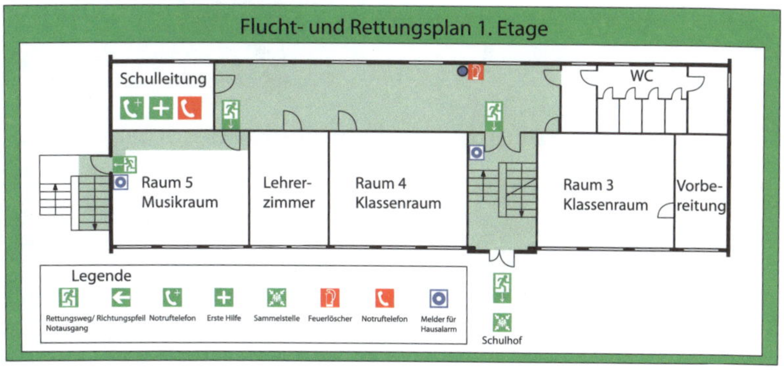

a) Beschreibt den Plan.
b) Woran erkennt ihr den Fluchtweg?
c) Zeigt alle Feuerlöscher und die Sammelstelle.
d) Beschreibt den kürzesten Weg von Raum 3 zur Treppe.
e) Wie kommst du am schnellsten vom Vorbereitungsraum zur Sammelstelle?
f) Beschreibt euch wechselseitig Wege von einem Raum in einen anderen Raum.

3 Erkunde deine Schule.

a) Wie viele Flucht- und Rettungspläne findest du im Schulhaus?
b) Wie viele Feuerlöscher findest du in der Schule?
c) Beschreibe den Weg von deinem Klassenraum zum nächsten Telefon.
d) Beschreibe den Weg von deinem Klassenraum zum nächsten Feuerlöscher.
e) Beschreibe den Weg aus deinem Klassenraum zum Sammelpunkt der Schule.

1: Projekte den Räumen zuordnen und Wege genau beschreiben
2: Plan besprechen, Legende lesen und Bedeutung der Symbole und solcher Pläne besprechen
3: Flucht- und Rettungspläne der Schule erkunden, Wege beschreiben und ablaufen

APP

Kilometer, Meter, Zentimeter und Millimeter

ERINNERE DICH

	·1 000		·100		·10	
km	→	m	→	cm	→	mm
	:1 000 ←		:100 ←		:10 ←	

1 km = 1 000 m
1 m = 100 cm
1 cm = 10 mm

1 a) Sprecht über die Übersicht.
b) Findet heraus, was Kilo..., Zenti... und Milli... bedeuten.

2 Welche Einheit würdest du beim Messen verwenden?

a) Dicke eines 1-Cent-Stücks
b) Länge einer Ameise
c) Länge des Schulflures
d) Höhe von Bergen
e) Breite deiner Schultasche
f) Länge deines Fußes
g) Länge von Flüssen
h) Entfernung zwischen Städten

3 Ordne die Rekorde von Deutschland richtig zu.

a) höchster Turm
b) höchster Berg
c) längster Fluss
d) längste Autobahn
e) höchster Baum

962 km | 2 962 m | 1 233 km | 67 m | 368 m

4 Wandle um.

a) in die nächstkleinere Einheit: 6 cm | 8 km | 5 m | 70 cm | 30 m | 60 km

b) in die nächstgrößere Einheit: 600 cm | 40 mm | 6 000 m | 10 m | 20 000 m

5 Stimmt das?

1: Vorgehen beim Umrechnen wiederholen, Vorsilben besprechen und verallgemeinern lassen
3: Größenvorstellungen entwickeln
5: Durch Umrechnen begründen

APP AH S. 51–52 ÜH S. 46

MERKE DIR

Das Komma trennt Kilometer und Meter.

		km	m			
6 500 m	6 km 500 m	6	5	0	0	6,500 km oder 6,5 km
6 050 m	6 km 50 m	6	0	5	0	6,050 km oder 6,05 km
6 005 m	6 km 5 m	6	0	0	5	6,005 km

6 Schreibe mit Komma.

a) 7 km 435 m
5 km 240 m
10 km 80 m
87 km 2 m

b) 8 775 m
5 330 m
20 500 m
750 m

7 Gib in Meter an.

a) 6,165 km
18,022 km
440,320 km
620,006 km

b) 3,6 km
13,4 km
0,5 km
10,1 km

8 Welches Kind hat den längsten Schulweg?

9 Ordne die Längenangaben der Größe nach, beginne mit der kleinsten.

7,5 m | 705 cm | 0,7 km | 5 km 700 m | 75 cm | 57 m

10

Leo ist zu Besuch bei seiner Tante in Waldheim. Heute möchte er mit dem Fahrrad ins Schwimmbad fahren. Wie viele Kilometer sind es hin und zurück?

6 und 7: Kommaschreibweise einführen, an Beispielen besprechen und anwenden, Umgang mit Nullen nach dem Komma thematisieren
8: Verschiedene Schreibweisen besprechen

BIST DU FIT?

1 Gib für jede Figur die Anzahl der Symmetrieachsen an.

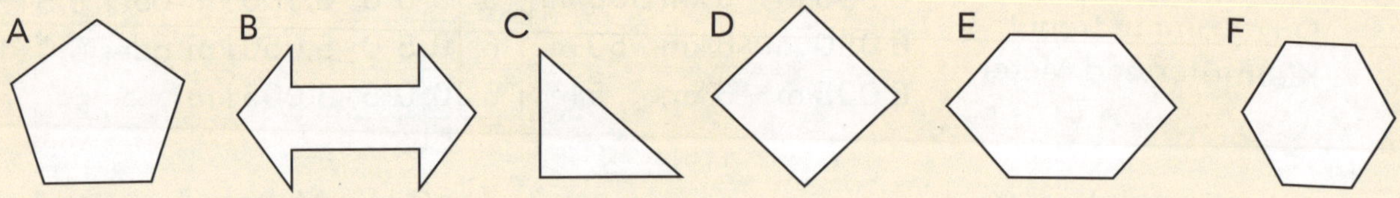

2 Übertrage die Figuren in dein Heft. Ergänze symmetrisch.

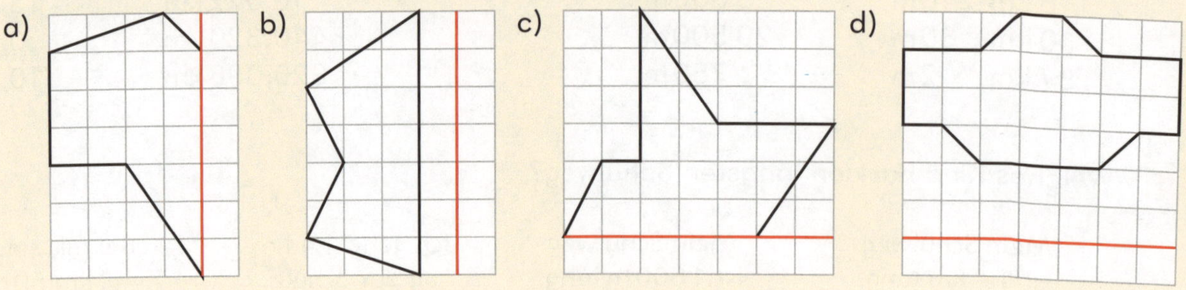

3 a) Ermittle den Flächeninhalt und den Umfang der Figuren.

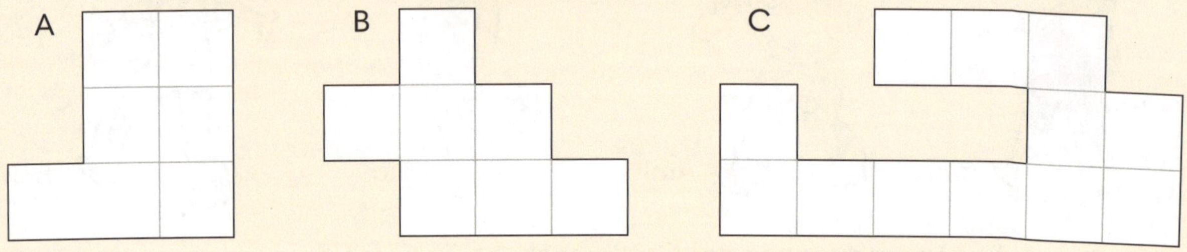

b) Zeichne eine Figur mit dem Flächeninhalt von 10 Einheitsquadraten.

4 Verkleinere und vergrößere die Figuren im Maßstab 1 : 2 und 2 : 1.

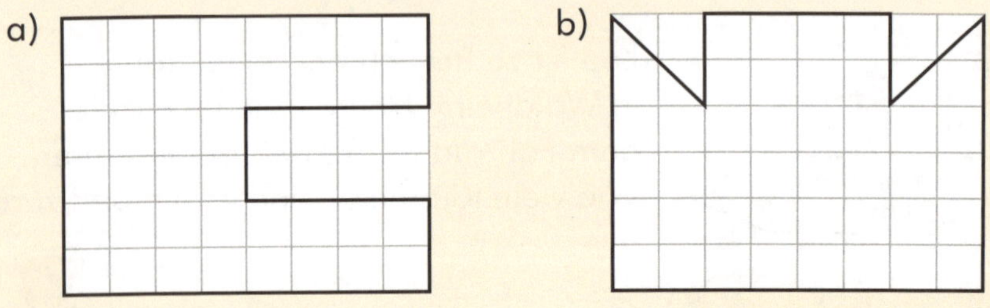

5 Wandle um.

a) in die nächstgrößere Einheit: 20 dm | 50 cm | 25 mm | 1 800 m

b) in die nächstkleinere Einheit: 5 km | 25 cm | 17 dm | 8 m

Das Symmetriespiel

Vorbereitung
Jeder hat vier Spielsteine.
Setzt eure Spielsteine abwechselnd in euer Feld.
Du darfst nicht symmetrisch setzen.

Ablauf des Spiels
Würfelt abwechselnd und setzt einen beliebigen Spielstein nach der Augenzahl.
Es darf nur waagerecht oder senkrecht gesetzt werden.
Achtung! Ziel ist es nun den Spielstein symmetrisch zum anderen Kind zu setzen.
Gelingt dir das, darfst du den Stein des anderen Kindes vom Feld nehmen.
Wer zuerst alle Spielsteine des Gegenübers gesammelt hat, gewinnt das Spiel.

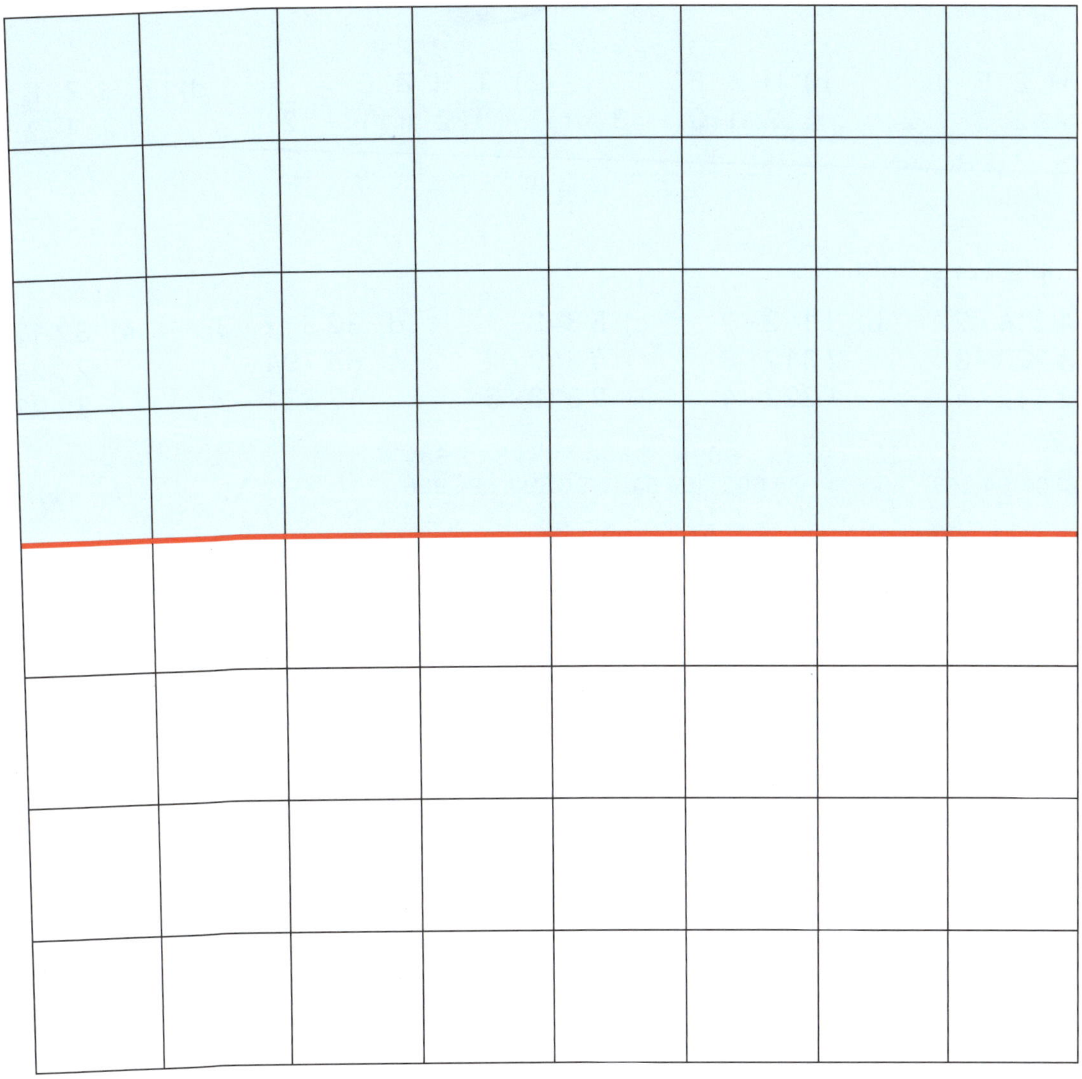

Spielregeln besprechen, B-KV 17 nutzen
Differenzierung: Andere Symmetrieachsen wählen

Schriftliches Multiplizieren ohne Übertrag

1 Erkläre, wie Anna rechnet.

2

a)

H	Z	E		
4	2	3	·	2

b)

H	Z	E		
2	1	3	·	3

c)

T	H	Z	E		
3	2	4	1	·	2

d)

T	H	Z	E		
1	2	1	2	·	4

3 Multipliziere schriftlich.

a) 4 214 · 2
3 223 · 3
2 112 · 4

b) 3 142 · 2
2 312 · 3
1 222 · 4

c) 5 849 · 1
4 342 · 2
2 313 · 3

d) 32 312 · 3
65 794 · 1
42 331 · 2

e) 32 124 · 2
21 212 · 4
32 231 · 3

4 888 5 849 6 284 6 936 6 939 8 428 8 448 8 684
9 669 64 248 65 794 84 662 84 848 96 693 96 936

4

a) 3 402 · 2
3 120 · 3
6 024 · 0

b) 3 130 · 3
2 001 · 4
3 023 · 3

c) 8 607 · 1
9 068 · 0
1 021 · 4

d) 32 030 · 3
40 120 · 2
87 060 · 0

5 a) Die Bäckerei Dufte backt jeden Tag 3 221 Brote.
Wie viele Brote backt die Bäckerei an drei Tagen?

b) Die Bäckerei beliefert täglich vier Filialen
mit jeweils 221 Brötchen.
Wie viele Brötchen liefern sie insgesamt?

c) Die Bäckerei Dufte backt an 312 Tagen im Jahr Kuchen.
Dafür verbraucht der Bäcker jedes Mal drei Tüten Mehl.
Wie viele Tüten Mehl benötigt der Bäcker im Jahr zum Kuchenbacken?

1: Schriftliche Multiplikation einführen, auf die Rechenrichtung, das stellengerechte Schreiben und die Sprechweise achten
4: Besonderheit bei Multiplikation mit Null besprechen

APP

AH S. 53

Schriftliches Multiplizieren mit Übertrag

1 Die Buchhandlung Leselust erhält monatlich drei Lieferungen mit jeweils 526 Büchern. Wie viele Bücher erhält die Buchhandlung insgesamt im Monat?

Erkläre, wie Lisa rechnet. Beantworte die Frage.

H	Z	E			
5	2	6	·	3	
	1	5	7	8	~~1~~

2

a)

H	Z	E		
6	2	4	·	4

b)

H	Z	E		
2	6	3	·	3

c)

H	Z	E		
1	3	4	·	6

d)

T	H	Z	E		
2	5	1	6	·	8

3 Multipliziere schriftlich.

a) 134 · 6
715 · 4
217 · 8
412 · 8

b) 3 718 · 2
1 927 · 3
3 517 · 5
6 228 · 4

c) 2 716 · 4
2 821 · 3
3 436 · 2
1 321 · 6

d) 1 819 · 5
5 141 · 7
1 924 · 4
1 322 · 8

e) 27 193 · 3
21 624 · 4
21 612 · 6
23 218 · 5

804 1 736 2 860 3 296 5 781 6 872 7 436 7 696 7 926 8 463 9 095
10 576 10 864 17 585 24 912 35 987 81 579 86 496 116 090 129 672

4

a) 704 · 6
670 · 7
809 · 5

b) 2 009 · 6
6 030 · 9
4 108 · 7

c) 4 906 · 0
9 099 · 2
8 600 · 5

d) 40 703 · 8
14 060 · 7
30 092 · 6

5 Die Tischlerei Holzmann fertigt monatlich 8 254 Holztische für verschiedene Möbelhäuser an. Wie viele Holztische fertigt die Tischlerei in einem halben Jahr an?

1: Schriftliche Multiplikation mit Übertrag einführen, auf die Rechenrichtung, das stellengerechte Schreiben, die Sprechweise und die Merkzahlen achten
2: Übertrag an anderen und mehreren Stellen

APP

AH S. 54
ÜH S. 47

Multiplizieren

1 Erkläre, wie die Kinder das Ergebnis mit einem Überschlag prüfen.
Rechne nach.

6	3	8	·	7	
4	4	1	5	6	~~2~~

S. 92 / 1

Ü: 600 · 7 = 4 200

638 · 7

2 Überschlage zuerst, multipliziere dann schriftlich.
Vergleiche dein Ergebnis vor dem doppelten Unterstreichen mit dem Überschlag.

a)	b)	c)	d)	e)
918 · 4	729 · 3	6 992 · 4	7 359 · 3	25 924 · 2
825 · 7	864 · 9	8 518 · 2	2 758 · 6	47 293 · 4
593 · 6	358 · 2	9 276 · 8	8 264 · 7	52 937 · 3
385 · 5	935 · 8	2 413 · 6	4 916 · 5	61 616 · 3

3 Löse die Aufgaben. Entscheide, ob zur Beantwortung der Frage der Überschlag reicht oder ein genaues Ergebnis nötig ist.

a) Drei Grundschulen mit je 185 Kindern sind zu einem Schulkonzert eingeladen. Im Festsaal der Stadt gibt es 550 Sitzplätze. Reichen die Sitzplätze für alle Kinder?

b) Zwei Grundschulen reisen mit der gleichen S-Bahn an. In dieser S-Bahn gibt es 420 Sitzplätze. Reichen die Sitzplätze für alle Kinder?

4 Finde die Fehler und beschreibe sie einem anderen Kind.

a)	b)	c)	d)	e)
4 586 · 4	2 837 · 6	5 327 · 5	8 491 · 7	3 487 · 7
18 324	16 922	16 635	588 637	23 309

Merkzahl falsch

Merkzahl ins Ergebnis notiert

Merkzahl vergessen

Rechenfehler

1: Begründen, warum das Ergebnis der Aufgabe falsch ist
1 und 2: Grundaufgabe des kleinen Einmaleins zum Bilden des Überschlags nutzen

APP

AH S. 55
ÜH S. 48

5 Schau die Zahlen genau an und rechne geschickt.

26 | 378 | 2 123 | 3 999 · 2 | 3 | 4

98 | 310 | 508 | 8 070 · 5 | 7 | 9

a) Bilde fünf Aufgaben, die du im Kopf rechnen kannst.
b) Bilde fünf Aufgaben, die du schriftlich rechnest.

5	0	8	·	3	=	
1	5	0	0	+	2	4

2	1	2	3	·	7
				6	1

c) Erkläre einem anderen Kind, warum du Aufgaben im Kopf oder schriftlich gelöst hast.
d) Kontrolliert eure Aufgaben gegenseitig.

6 Rechne im Kopf oder schriftlich.

a)	b)	c)	d)
1 111 · 8	4 005 · 8	22 889 · 6	3 · 26 001
6 666 · 9	7 020 · 6	32 000 · 3	5 · 71 593
2 222 · 3	8 488 · 5	64 000 · 5	7 · 91 109
4 444 · 2	7 336 · 4	20 014 · 4	4 · 21 500

6 666 8 888 8 888 29 344 32 040 42 120 42 440 59 994 78 003
80 056 86 000 96 000 137 334 320 000 357 965 637 763

7 Welches Ergebnis stimmt? Überschlage und schau genau.

a) 375 · 5 — 2 160 | 1 875 | 19 489

b) 2 473 · 6 — 1 438 | 14 838 | 18 528

c) 7 245 · 4 — 28 745 | 32 870 | 28 980

8 Finde die fehlenden Ziffern.

a) 3■2 · 4 = 124■

b) 147■ · 3 = 4■25

c) 4208 · ■ = 2■248

d) ■4618 · 2 = 4■2■6

9 Finde eigene Multiplikationsaufgaben.
Das Produkt soll kleiner als eine Million sein.
Rechne im Kopf oder schriftlich.

5: Rechenkonferenz durchführen: Zahlenmaterial analysieren, welche Aufgaben sich zum Kopfrechnen eignen
7: Rechenkonferenzen durchführen: Überschlag und Multiplikation der Einer zur Lösungsfindung nutzen

APP

AH S. 55
ÜH S. 48

Multiplizieren mit Zehner- und Hunderterzahlen

1

a)	b)	c)	d)	e)
7 · 10	14 · 10	6 · 100	13 · 100	30 · 52
7 · 40	14 · 30	6 · 400	13 · 700	64 · 20
8 · 30	12 · 80	4 · 700	15 · 600	500 · 17
6 · 50	26 · 40	9 · 800	23 · 400	42 · 300
3 · 80	34 · 80	6 · 400	31 · 500	300 · 41

2

a)	b)	c)
284 · 60	156 · 90	4 851 · 60
589 · 20	308 · 70	9 756 · 20
345 · 50	859 · 40	3 708 · 70
817 · 60	620 · 30	4 623 · 80

11 780 14 040 17 040 17 250 18 600
21 560 34 360 49 020 195 120 259 560
291 060 369 840

3

a)	b)	c)
645 · 300	158 · 900	687 · 200
297 · 400	253 · 300	809 · 800
354 · 700	739 · 500	387 · 400
968 · 200	418 · 600	564 · 700

75 900 118 800 137 400 142 200 154 800
193 500 193 600 247 800 250 800 369 500
394 900 647 200

4 Welche Aufgaben rechnest du im Kopf, welche rechnest du schriftlich?

a)	405 · 20	527 · 30	444 · 50	643 · 60	125 · 20
	875 · 40	986 · 10	624 · 70	999 · 0	358 · 80
b)	500 · 900	824 · 500	30 · 323	400 · 837	700 · 862
	869 · 100	498 · 900	80 · 465	600 · 802	300 · 800

2 und 3: Differenzierung: Rechnen der Aufgaben in zwei Schritten:
1: Multiplikation mit einstelligem 2. Faktor, 2. Multiplikation mit 10 bzw. 100
4: Entscheidung, welche Aufgaben im Kopf und welche schriftlich gerechnet werden, begründen lassen

APP

AH S. 56
ÜH S. 49

5 a) 333 · 100
333 · 200
333 · 300
333 · 400

b) 222 · 500
222 · 600
222 · 700
222 · 800

c) 1 234 · 30
2 345 · 30
3 456 · 30
4 567 · 30

d) 987 · 20
876 · 20
765 · 20
654 · 20

e) 60 · 606
990 · 90
90 · 660
909 · 60

6 a) b) c)

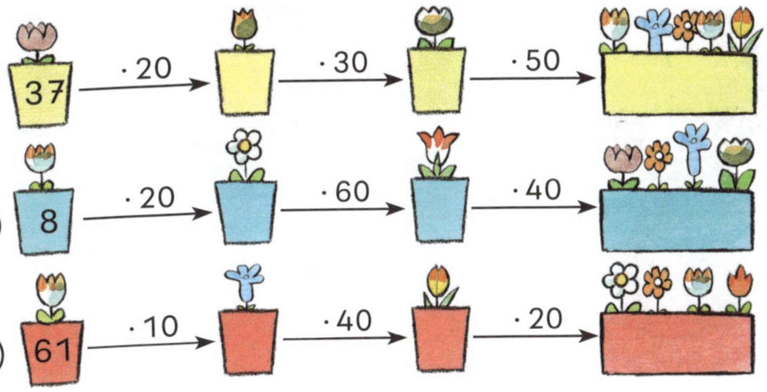

7 Der Baumarkt bekommt eine neue Lieferung.

a) 480 Pakete mit 30 Schrauben
b) 645 Pakete mit 60 Nägeln
c) 20 Rasenmäher für je 1 467 Euro
d) 60 Gartenbänke für je 349 Euro

8 Im Monat April verkauft die Badabteilung des Baumarktes
30 Badewannen für jeweils 268 Euro,
40 Duschen für jeweils 489 Euro,
20 Spiegelschränke für jeweils 159 Euro
und 8 Badschränke für jeweils 271 Euro.

Wie viel Geld hat die Badabteilung im April eingenommen?

9

Multipliziere das Doppelte von 15 mit 1 369.

Multipliziere die Zahl 357 mit 60.

Multipliziere die Hälfte von 60 mit 495.

Multipliziere die Hälfte von 7 000 mit dem Doppelten von 25.

Multipliziere das Doppelte von 2 403 mit der Hälfte von 40.

Multipliziere die Hälfte von 2 846 mit der Hälfte von 80.

10 Bilde Multiplikationsaufgaben und löse.

a) Das Produkt soll größer als 30 000 aber kleiner als 90 000 sein.
b) Das Produkt soll zwischen 100 000 und 400 000 liegen.

1. Faktor			
212	518	809	2 222

2. Faktor			
40	70	200	500

7: Fragen finden, lösen und beantworten

Schriftliches Multiplizieren mit zweistelligen Zahlen

1 Erkläre, wie Anna rechnet.

2 Multipliziere schriftlich.

a) 2 7 6 · 6 2

b) 1 2 7 8 · 3 6

c) 3 5 2 6 · 4 3

3

a) 35 · 23
64 · 52
72 · 46

b) 728 · 41
237 · 37
384 · 63

c) 4 132 · 92
2 624 · 34
9 247 · 45

d) 5 849 · 22
4 362 · 33
4 264 · 44

e) 4 827 · 11
4 444 · 46
6 363 · 63

805 3 312 3 328 8 769 24 192 29 848 53 097 89 216
128 678 143 946 187 616 204 424 380 144 400 869 416 115

4

a) 5 408 · 53
3 170 · 26
6 024 · 70

b) 4 860 · 47
6 057 · 60
2 006 · 39

c) 9 068 · 50
7 605 · 11
1 001 · 78

d) 8 004 · 77
4 400 · 23
9 407 · 82

e) 8 070 · 87
7 006 · 76
6 400 · 64

f) 85 · 7 000
72 · 6 905
40 · 9 530

5 Der Obstbauer lagert nach der Apfelernte 725 Stiegen mit je 24 Äpfeln im Lagerhaus ein. Wie viele Äpfel werden eingelagert?

1: Schriftliche Multiplikation mit zweistelligem Faktor einführen, auf die Rechenrichtung, das stellengerechte Schreiben und die Sprechweise achten

APP

AH S. 57
ÜH S. 50

6 Immer drei Ergebnisse sind gleich.

85 · 67	166 · 47	1 262 · 62	1 281 · 48	4 936 · 16
10 248 · 6	33 · 17	732 · 84	9 872 · 8	94 · 83
3 901 · 2	2 524 · 31	119 · 5	19 561 · 4	2 468 · 32

7

a)	b)	c)	d)	e)
416 · 28	634 · 48	3 954 · 32	1 437 · 28	24 · 1 837
734 · 72	825 · 81	2 775 · 25	2 178 · 33	253 · 63
647 · 43	914 · 37	4 109 · 52	2 323 · 23	52 · 1 632
652 · 92	821 · 74	1 942 · 31	3 657 · 15	592 · 27

11 648 15 939 15 984 27 821 30 432 33 818 40 236 44 088 52 848 53 429
54 855 59 984 60 202 60 754 66 825 69 375 71 874 84 864 126 528 213 668

8 Erkläre, wie die Kinder rechnen.

9 Rechne mit deinem Weg.

a)	b)	c)	d)	e)
18 · 14	29 · 13	14 · 25	25 · 16	82 · 45
12 · 17	34 · 12	27 · 19	51 · 14	35 · 22
13 · 16	53 · 14	49 · 99	12 · 79	28 · 25
15 · 15	35 · 13	15 · 16	19 · 54	66 · 15

204 208 225 240 252 350 377 400 408 455
513 700 714 742 770 948 990 1 026 3 690 4 851

10 Der Supermarkt erhält eine Lieferung Äpfel vom Obstbauern.
Es werden 32 Stiegen abgeladen. In einer Stiege liegen 24 Äpfel.

Wie viele Äpfel werden geliefert?

8 bis 10: Aufgaben können im Kopf, halbschriftlich oder schriftlich gelöst werden

APP

AH S. 58
ÜH S. 50

Schriftliches Multiplizieren mit dreistelligen Zahlen

1 Erkläre, wie Lisa rechnet.

5	4	6	·	4	3	7		
	2	1	8	4			2	1

2 Multipliziere schriftlich.

a) 453 · 273 b) 258 · 374 c) 3819 · 246

3

a) 121 · 312, 422 · 253, 251 · 146
b) 413 · 243, 224 · 462, 349 · 251
c) 542 · 167, 391 · 316, 245 · 281
d) 111 · 111, 222 · 222, 333 · 333
e) 2 442 · 242, 5 151 · 151, 2 626 · 262

4

4	0	9	·	5	0	3
	2	0	4	5		
			0	0	0	
			1	2	2	7

a) 409 · 503, 604 · 708, 392 · 260
b) 870 · 780, 605 · 560, 808 · 202
c) 380 · 340, 505 · 606, 900 · 206

101 920 129 200 163 216 185 400 205 727
306 030 338 800 427 632 678 600

5

4	6	0	·	5	0	7
	1	8	0	0	0	
			2	5	2	0

a) 360 · 507, 406 · 309, 508 · 690
b) 905 · 950, 690 · 609, 530 · 350
c) 847 · 602, 202 · 590, 610 · 905

119 180 125 454 182 520 185 500 350 520
420 210 509 894 552 050 859 750

6 Bilde Multiplikationsaufgaben mit gleichen Ziffern.
Das Ergebnis soll kleiner als 100 000 sein.

11 · 11 111 · 11 22 · 22

1 bis 3: Schriftliche Multiplikation mit dreistelligem Faktor einführen, auf die Rechenrichtung, das stellengerechte Schreiben und die Sprechweise achten
4: Besonderheiten der Multiplikation mit Null thematisieren

APP

AH S. 59
ÜH S. 51

7 Welcher Überschlag ist vorteilhaft?
Rechne.

384 · 562 = 215 808

Ü: 400 · 600 =

Ü: 400 · 500 =

Ich runde.

Anna

Ich gleiche aus: Ein Faktor wird größer, der andere kleiner.

Ben

8 Bilde den Überschlag zuerst wie Anna und dann wie Ben.
Markiere den Überschlag, der näher am Ergebnis liegt.

a) 278 · 362 = 100 636
494 · 817 = 403 598

b) 517 · 421 = 217 657
609 · 413 = 251 517

c) 854 · 458 = 391 132
423 · 312 = 131 976

9 Überschlage zuerst, multipliziere dann schriftlich.
Vergleiche dein Ergebnis vor dem doppelten Unterstreichen mit dem Überschlag.

a) 348 · 467
853 · 534
751 · 473

b) 603 · 490
925 · 348
746 · 437

c) 798 · 450
632 · 843
166 · 844

d) 1 859 · 367
2 216 · 411
1 416 · 683

e) 2 673 · 212
5 132 · 194
2 409 · 401

10 Finde die fünf Fehler. Prüfe mit dem Überschlag und berichtige im Heft.

a) 274 · 963 = 263 862
739 · 659 = 387 001
846 · 527 = 445 842

b) 174 · 859 = 99 466
638 · 824 = 525 712
726 · 439 = 258 714

c) 999 · 666 = 665 334
345 · 789 = 322 205
864 · 753 = 730 592

11 Finde die Fehler und beschreibe sie einem anderen Kind.

a)
```
381 · 246
  662
   1234
    1886
  1 1 1
   80426
```

b)
```
725 · 148
    725
  28820
  561640
   1 1 1
  922340
```

c)
```
278 · 527
    1390
     556
    1946
    1 1 1
    3892
```

d)
```
164 · 392
   492
   1476
     328

   53288
```

Übertrag vergessen

Stellenwerte nicht beachtet

Merkzahl ins Teilergebnis notiert

Multiplizieren mit Größen

1 Die Kinder der Grundschule am Stadion wünschen sich neue Sportgeräte für die Turnhalle und den Schulhof.

a) Vervollständige die Tabelle.

	Einzelpreis	Anzahl	Gesamt
Hüpfsäcke	32 €	6	
Turnmatten	124 €	15	
Turnbänke	327 €	8	
Tretroller	283 €	3	
Sprungkästen	375 €	6	
Rollbretter	68 €	24	
Reifen	21 €	25	

b) Die Schule kann 5 000 Euro für neue Sportgeräte ausgeben. Überschlage, ob das Geld für alle Wünsche ausreicht.

2 Überschlage zuerst, multipliziere dann schriftlich.
Vergleiche dein Ergebnis vor dem doppelten Unterstreichen mit dem Überschlag.

a) 384 € · 7
853 € · 4
471 € · 3

b) 609 kg · 4
609 kg · 5
609 kg · 6

c) 498 m · 63
326 m · 38
184 m · 46

d) 617 € · 359
142 € · 916
586 € · 314

e) 439 · 628 €
572 · 734 €
928 · 816 €

3 Berechne die Preise für die Bälle.
Überlege, ob du die Beträge in Cent umwandelst oder mit Komma rechnest.

	Einzelpreis	Anzahl	Gesamt
Indoor-Fußball	33,65 €	4	
Outdoor- Basketball	42,50 €	15	
Komm-zurück-Fußball	12,50 €	8	
Tischtennisbälle (4er)	5,69 €	3	

4 a) 356,45 € · 6
941,72 € · 7

b) 785,51 € · 4
637,48 € · 5

c) 736,38 € · 3
392,64 € · 8

d) 657,38 € · 4
219,63 € · 8

1 bis 2: Beim Multiplizieren von Größenangaben steht die gleiche Einheit in der Aufgabe und im Ergebnis.
3 bis 4: Durch Umwandeln in die kleinere Einheit kann die Aufgabe ohne Komma gelöst werden. Danach wird wieder in die größere Einheit umgewandelt.

APP

AH S. 61
ÜH S. 53

Preise pro Person		
Zeit	**online**	**Kasse**
60 min	16,90 €	17,90 €
90 min	23,90 €	25,90 €
120 min	27,90 €	28,90 €
Familienkarte ab 3 Personen 2,50 € weniger pro Person		
Socken 3,50 € pro Person		

5 Anna, Amir, Mila und Ben wollen den Trampolinpark besuchen.

a) Wie viel kosten die Socken für vier Kinder?
b) Wie viel kostet eine Stunde für alle vier Kinder zusammen?
c) Welchen Betrag zahlen sie an der Kasse für 90 Minuten Sprungzeit mit Socken?
d) Milas Mutter möchte 90 Minuten Sprungzeit für alle Kinder online buchen. Welcher Betrag wird von ihrem Konto abgebucht?

6 Familie Nowak besucht den Trampolinpark mit zwei Erwachsenen und vier Kindern. Sie buchen 90 Minuten Sprungzeit, benötigen keine Socken und zahlen online.

Welchen Betrag müssen sie bezahlen?

7 Du möchtest deinen Geburtstag mit vier weiteren Kindern im Trampolinpark feiern und kannst mit 200 Euro planen.

a) Wie lange könntest du mit deinen Gästen springen? Überschlage zuerst. Berechne dann den genauen Preis.
b) Du möchtest zwei Stunden springen. Alle Kinder bringen ihre Socken vom letzten Besuch im Trampolinpark mit. Zwei Kinder essen keine Pizza. Plane deine Feier.

5 bis 7: Beträge mit Kommazahlen berechnen oder die Beträge umwandeln

Stunde, Minute und Sekunde

1 In welcher Einheit würdest du die folgenden Zeitspannen angeben?

a) Zähne putzen
b) ein Lied singen
c) 25 m schwimmen
d) die Malfolge der 5 aufsagen
e) nachts schlafen
f) Länge eines Kinofilms

ERINNERE DICH

1 h = 60 min   1 min = 60 s

2 Wie spät ist es? Gib jeweils die Vormittagszeit und die Nachmittagszeit an.

a) 
b) 
c) 
d) 
e) 

3 Wie viele Sekunden sind seit 9 : 00 Uhr vergangen?

a) 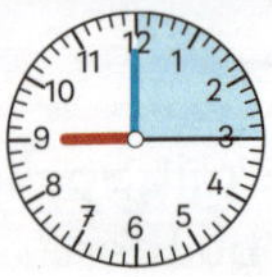
b) 
c) 
d) 
e) 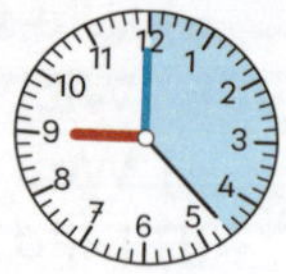

4 Immer zwei Karten gehören zusammen.

$\frac{1}{2}$ h	$1\frac{1}{2}$ h	30 min	$\frac{1}{4}$ h	60 min
15 min	45 min	1 h	90 min	$\frac{3}{4}$ h

S. 102 / 4
$\frac{1}{2}$ h = min

5 Wandle um.

a) in Stunden	b) in Minuten	c) in Sekunden	d) in Minuten und Sekunden
240 min	120 h	6 min	90 s
480 min	420 h	3 min 15 s	200 s
30 min	$\frac{1}{4}$ h	$\frac{1}{2}$ min	$1\frac{1}{2}$ min

6 Vergleiche die Zeitspannen: <, >, =.

a)	b)	c)
2 min ○ 140 s	1 h ○ 59 min	1 h 30 min ○ 100 min
5 min ○ 500 s	3 h ○ 180 min	5 h 15 min ○ 300 min
10 min ○ 600 s	$1\frac{1}{2}$ h ○ 90 min	10 h 10 min ○ 600 min

7 Beim 400-Meter-Lauf kam Anna nach 2 Minuten 8 Sekunden ins Ziel.
Ben lief 9 Sekunden langsamer und Lisa eine halbe Minute schneller.

Welche Laufzeiten hatten Ben und Anna?

1 bis 3: Einheiten der Zeit und Vorgehen beim Umrechnen wiederholen und anwenden
4: Gebräuchliche Brüche thematisieren
6: Auf Umwandeln in eine Einheit hinweisen

APP

AH S. 62
ÜH S. 54

Jahr, Monat und Woche

1 In welcher Einheit würdest du die folgenden Zeitspannen angeben?

a) Dauer des Sommers
b) Winterferien
c) Dauer deiner Grundschulzeit
d) eine Urlaubsreise
e) dein Alter
f) Schwangerschaft

ERINNERE DICH

1 Jahr = 12 Monate
1 Jahr = 52 Wochen
1 Jahr = 365 Tage

1 Woche = 7 Tage
1 Tag = 24 h

2 Wandle um.

a) in Tage
- 5 Wochen
- 7 Wochen
- 14 Wochen
- 25 Wochen

b) in Wochen
- 14 Tage
- 28 Tage
- 63 Tage
- 84 Tage

c) in Monate
- 8 Wochen
- 9 Jahre
- 4 Jahre
- $\frac{1}{4}$ Jahr

d) in Jahre
- 24 Monate
- 48 Monate
- 120 Monate
- 6 Monate

3 Vergleiche die Zeitspannen: <, >, =.

a)
- 6 Wochen ○ 35 Tage
- 8 Wochen ○ 56 Tage
- 14 Wochen ○ 100 Tage
- 20 Wochen ○ $\frac{1}{4}$ Jahr

b)
- 3 Jahre ○ 50 Monate
- 28 Monate ○ 2 Jahre
- $\frac{3}{4}$ Jahr ○ 9 Monate
- 2 Monate ○ $\frac{1}{4}$ Jahr

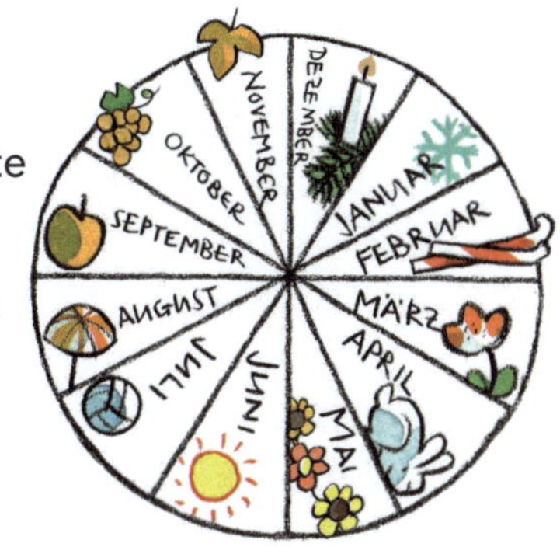

4 Das Jahr 2028 ist ein Schaltjahr.
Erkundige dich, was man darunter versteht.
Schreibe die zwei vorherigen und die zwei folgenden Schaltjahre auf.

5 Welcher Urlaub dauert am längsten? Begründe.

6 Berechne, wie viele Jahre seit den Ereignissen vergangen sind.

erster Mensch im Weltall	Entdeckung der Röntgenstrahlen	Entdeckung Amerikas	Erfindung des Autos	Erfindung des Handys
1961	**1895**	**1492**	**1886**	**1973**

6: Lösungsansätze thematisieren, unterschiedliche Rechenwege zulassen, weitere interessante Jahreszahlen recherchieren lassen

APP
AH S. 62
ÜH S. 55

Zeitpunkt und Zeitdauer

1 Berechne die Fahrzeit.

15 : 45 Uhr —+ ___ min→ 16 : 00 Uhr —+ ___ min→ 16 : 30 Uhr

a) 15 : 45 Uhr —+ ___ min→ 15 : 52 Uhr
10 : 17 Uhr —+ ___ min→ 11 : 00 Uhr
7 : 05 Uhr —+ ___ min→ 7 : 33 Uhr
13 : 00 Uhr —+ ___ min→ 13 : 39 Uhr

b) 15 : 45 Uhr —+ ___ min→ 16 : 30 Uhr
18 : 25 Uhr —+ ___ min→ 19 : 10 Uhr
11 : 43 Uhr —+ ___ min→ 12 : 25 Uhr
13 : 58 Uhr —+ ___ min→ 14 : 39 Uhr

2 Berechne die Ankunftszeit.

15 : 12 Uhr —+ 1 h→ 16 : 12 Uhr —+ 15 min→ ___ Uhr

a) 7 : 05 Uhr —+ 17 min→ ___ Uhr
10 : 25 Uhr —+ 50 min→ ___ Uhr
9 : 37 Uhr —+ 23 min→ ___ Uhr
6 : 30 Uhr —+ 2 h→ ___ Uhr

b) 15 : 12 Uhr —+ 1 h 15 min→ ___ Uhr
18 : 23 Uhr —+ 2 h 20 min→ ___ Uhr
7 : 37 Uhr —+ 1 h 13 min→ ___ Uhr
18 : 42 Uhr —+ 4 h 12 min→ ___ Uhr

3 Berechne die Abfahrtszeit.

___ Uhr —+ 20 min→ 14 : 20 Uhr —+ 1 h→ 15 : 20 Uhr

a) ___ Uhr —+ 15 min→ 16 : 20 Uhr
___ Uhr —+ 28 min→ 10 : 38 Uhr
___ Uhr —+ 45 min→ 7 : 50 Uhr
___ Uhr —+ 1 h→ 11 : 45 Uhr

b) ___ Uhr —+ 1 h 20 min→ 15 : 20 Uhr
___ Uhr —+ 3 h 45 min→ 20 : 50 Uhr
___ Uhr —+ 2 h 30 min→ 13 : 45 Uhr
___ Uhr —+ 4 h 5 min→ 17 : 10 Uhr

1 bis 3: Fahrzeiten, Ankunftszeiten und Abfahrtszeiten berechnen lassen

APP
AH S. 63
ÜH S. 56

Zeit – Sachaufgaben

Ben verbringt mit seinen Eltern die Ferien im Harz.

1 Sie fuhren mit dem Auto um 8:25 Uhr zu Hause los und kamen um 16:15 Uhr in Schierke an. Unterwegs legten sie zwei Pausen ein, einmal eine $\frac{3}{4}$ Stunde und das andere Mal 25 Minuten.

a) Wie lange war Bens Familie insgesamt unterwegs?
b) Wie viele Minuten machten sie Pause?
c) Berechne die Fahrzeit ohne Pausen.

2 An ihrem zweiten Urlaubstag möchte die Familie mit der Harzer Schmalspurbahn von Schierke zum Brocken fahren.

Wernigerode – Brocken				Brocken – Wernigerode			
Wernigerode	Drei-Annen-Hohne	Schierke	Brocken	Brocken	Schierke	Drei-Annen-Hohne	Wernigerode
8:25	9:02			10:51	11:36	11:43	
8:55	9:32	9:57	10:36	11:36	12:16	12:36	13:33
9:40	10:17	10:42	11:21	12:21	13:11	13:24	
10:25	11:02	11:27	12:06	13:14	13:54	14:07	15:03
11:57	12:34			14:59	14:38	14:51	
13:25	14:02	14:27	15:30		15:19	15:53	16:33
14:55	15:34	16:03	16:52	16:22	17:02	17:14	18:02
17:25	18:02			17:07	17:46	17:59	18:45

a) Wann könnten sie vormittags losfahren?
b) Die Familie fährt mit dem Zug um 9:57 Uhr. Wann kommt sie auf dem Brocken an?
c) Die Brockenbesichtigung dauert 3 Stunden 34 Minuten.
Wann fährt der nächste Zug zurück?

3 Am nächsten Tag wandert Ben mit seinen Eltern nach Drei-Annen-Hohne. Um 15:15 Uhr sind sie am Bahnhof angekommen und wollen zurück nach Schierke fahren.

a) Wie viel Zeit haben sie noch, bis der nächste Zug fährt?
b) Wie lange fahren sie nach Schierke?

4 Denke dir Aufgaben zu den Fahrplänen aus.

1 bis 4: Kenntnisse zum Lösen von Sachaufgaben nutzen, sich in Fahrplänen orientieren

BIST DU FIT?

1 Überschlage zuerst, multipliziere dann schriftlich.

a) 134 · 2, 212 · 4, 312 · 3
b) 1 462 · 6, 9 736 · 0, 2 975 · 3
c) 586 · 52, 702 · 63, 694 · 77
d) 529 · 138, 148 · 426, 942 · 241
e) 639 · 380, 495 · 603, 501 · 406

2 a) 296 € · 5, 795 € · 7
b) 592 kg · 25, 806 kg · 56
c) 738 g · 536, 537 g · 103

3 Wie spät ist es? Gib jeweils die Vormittagszeit und die Nachmittagszeit an.

a) 
b) 
c) 
d) 
e) 

4 Wandle um.

a) in Stunden: 540 min, 150 min, 180 min
b) in Minuten: $\frac{1}{2}$ h, 360 s, 180 s
c) in Sekunden: 8 min, $\frac{1}{4}$ min, 5 min 3 s
d) in Tage: 3 Wochen, 5 Wochen, 12 Wochen
e) in Wochen: 21 Tage, 35 Tage, 49 Tage
f) in Monate: $\frac{1}{2}$ Jahr, 3 Jahre, 7 Jahre

5 Vergleiche die Zeitspannen: $<$, $>$, $=$.

a) 4 min ◯ 28 s
8 min ◯ 470 s

b) 5 h ◯ 300 min
$2\frac{1}{4}$ h ◯ 140 min

c) 6 Monate ◯ $\frac{1}{2}$ Jahr
7 Wochen ◯ 54 Tage

6 Die 26 Kinder der Klasse 4b planen zum Wandertag einen Ausflug in den Trampolinpark.

a) Sie starten um 8:15 Uhr an der Schule. Für den Weg zum Trampolinpark benötigen sie 85 Minuten. Wann kommen sie an?
b) Die Sprungzeit beginnt um 10 Uhr. Sie sind um 11:30 Uhr fertig. Wie lang ist die Sprungzeit?
c) Die Kinder wollen um 14:15 Uhr in der Schule sein. Wann müssen sie los?

APP

Asiatisches Multiplizieren mit Linien

1 Erkläre, wie Klara rechnet.

2 Löse die Aufgaben wie Klara.

a) 32 · 21 b) 22 · 13 c) 32 · 12 d) 31 · 22 e) 21 · 23

3 Erkläre, wie Leo rechnet.

4 a) 41 · 23 b) 31 · 24 c) 12 · 34 d) 14 · 32

5 Findet eigene Aufgaben.

Schriftliches Dividieren

1 Erkläre, wie Amir rechnet.

2

a)	b)	c)	d)	e)
652 : 4	875 : 5	858 : 6	537 : 3	861 : 7
358 : 2	747 : 3	925 : 5	976 : 8	912 : 6
885 : 3	756 : 6	973 : 7	756 : 6	732 : 3

122 123 126 126 139 143 152 163 175 179 179 185 244 249 295

3

a)	b)	c)	d)
8 658 : 6	9 394 : 7	3 572 : 2	9 736 : 8
7 336 : 4	5 538 : 2	7 620 : 5	8 568 : 6
8 631 : 7	4 752 : 3	6 588 : 4	7 491 : 3

1 217 1 233 1 342 1 428 1 443 1 524 1 584 1 647 1 786 1 834 2 497 2 769

4 a) Für Sportartikel bekamen vier Grundschulen insgesamt 5 552 Euro. Wie viel Geld bekam jede Schule?

b) Für die Hochsprunganlagen bestellte die Winterschule drei Matten für 987 Euro. Wie viel kostet eine Matte?

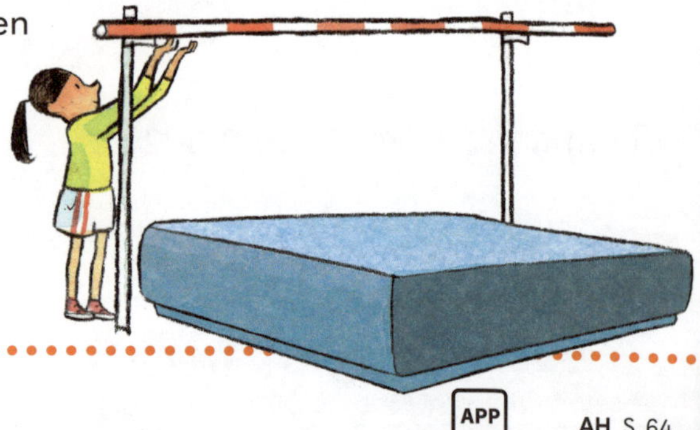

APP

AH S. 64
ÜH S. 57

1: Schriftliche Division einführen, auf die Rechenrichtung und die Sprechweise achten

5 Erkläre, wie Anna rechnet.

T	H	Z	E				H	Z	E		
3	4	3	2	:	6	=	5	7	2		
3	0	↓	↓								
	4	3				K:	5	7	2	·	6
	4	2						3	4	3	2
		1	2								
		1	2								
			0								

6 Dividiere schriftlich. Kontrolliere mit der Umkehraufgabe.

a) 148 : 2
558 : 3
738 : 9

b) 252 : 6
448 : 7
672 : 8

c) 2 253 : 3
4 375 : 5
3 216 : 6

d) 1 374 : 2
3 616 : 8
2 696 : 4

7 Erkläre, wie Leo und Mila rechnen.

T	H	Z	E				H	Z	E
3	2	4	0	:	6	=	5	4	0
3	0	↓	↓						
	2	4							
	2	4							
		0	0						
			0						
			0						

T	H	Z	E				H	Z	E
1	6	4	0	:	8	=	2	0	5
1	6	↓	↓						
	0	4							
		0							
		4	0						
		4	0						
			0						

8

a) 2 109 : 3
6 525 : 5
8 032 : 8

b) 7 208 : 8
4 908 : 4
5 070 : 3

c) 8 190 : 9
3 224 : 8
3 006 : 2

d) 5 412 : 6
6 370 : 7
9 342 : 9

403 703 901 902 910 910 1 004 1 038 1 227 1 305 1 503 1 690

9

1 524 : 6
2 232 : 6
1 962 : 3

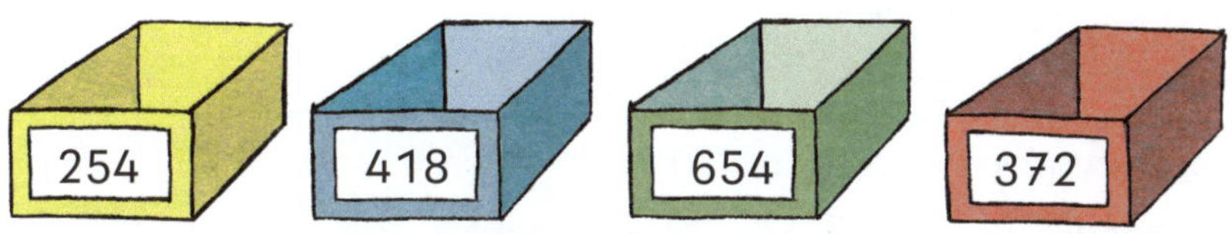

2 926 : 7
3 270 : 5
2 604 : 7
4 578 : 7

5 232 : 8
2 508 : 6
1 016 : 4

5 und 6: Vorgehen besprechen, wenn der erste Stellenwert des Dividenden kleiner ist als der Divisor, Kontrolle durch die Umkehraufgabe einführen
7: Dividieren mit der Zahl 0 im Dividenden besprechen

APP
AH S. 64
ÜH S. 57

Dividieren

1 Erkläre, wie Ben und Lisa überschlagen.

2 Überschlage.

a)	b)	c)
564 : 6	2 720 : 4	3 402 : 6
505 : 5	3 549 : 7	3 078 : 9
328 : 4	1 680 : 6	2 030 : 5
824 : 4	4 020 : 5	5 040 : 7

S. 110 / 2
a) Ü: 540 : 6 =
564 : 6

3 Überschlage zuerst, dividiere dann schriftlich.

a)	b)	c)
297 : 9	602 : 7	3384 : 8
2 907 : 9	6 405 : 7	35 056 : 8
29 817 : 9	64 421 : 7	344 : 8

4 Löse die Aufgaben. Entscheide, ob zur Beantwortung der Frage der Überschlag reicht oder ein genaues Ergebnis nötig ist.

a) Der Zoo verfüttert 23 100 Gramm Gemüse an seine Bonobo-Affen in der Woche. Es sind noch 3 Kilogramm Gemüse vorhanden. Reicht das für die morgige Fütterung?
b) Wie viel Gramm Gemüse werden täglich verfüttert?

5 Rechne im Kopf oder schriftlich.

a)	b)	c)	d)
4 200 : 6	9 999 : 3	4 396 : 7	5 400 : 9
7 208 : 8	2 768 : 8	8 040 : 4	7 533 : 3
3 063 : 3	2 635 : 5	7 707 : 7	1 640 : 4
1 416 : 3	1 854 : 2	9 252 : 6	3 585 : 5

346 410 472 527 600 628 700 717 901
927 1 021 1 101 1 542 2 010 2 511 3 333

6

Meine Zahl ist der 3. Teil von 1 926.	Meine Zahl ist der 7. Teil von 2 499.	Meine Zahl ist die Hälfte von 1 594.

1 bis 3: Grundaufgaben zum Bilden des Überschlages nutzen
4: Begründen, warum ein Überschlag ausreicht oder genau gerechnet werden muss

APP

AH S. 65
ÜH S. 58

Dividieren mit Rest

1 Ein Vorrat von 1 436 Golfbällen soll in Schachteln mit je drei Bällen verpackt werden. Wie viele Schachteln werden es? Erkläre, wie Klara rechnet und antworte.

1	4	3	6	:	3	=	4	7	8	R	2	
1	2											
	2	3				K:	4	7	8	·	3	
	2	1						1	4	3	4	
		2	6				+				2	
		2	4					1	4	3	6	
			2									

2 Dividiere schriftlich. Kontrolliere mit der Umkehraufgabe.

a) 5 192 : 6
1 973 : 5
2 689 : 4

b) 31 419 : 4
13 189 : 2
43 790 : 8

c) 12 407 : 2
28 907 : 3
25 941 : 8

d) 29 900 : 7
26 908 : 5
12 915 : 2

3 Finde die fünf Fehler. Berichtige im Heft.

a) 7 253 : 4 = 1 813 R 1
2 137 : 7 = 35 R 2
4 962 : 5 = 992 R 2
8 125 : 3 = 2 707 R 4
15 038 : 7 = 2 148 R 2

b) 39 651 : 2 = 1 981 R 3
52 483 : 5 = 10 496 R 6
65 394 : 8 = 8 174 R 2
78 340 : 6 = 13 056 R 4
26 704 : 3 = 891 R 1

4 Wie viele Bälle bleiben übrig, wenn sie verpackt werden?

a) 2 347 Softbälle in 4-er Packs
b) 35 786 Federbälle in 6-er Packs
c) 61 735 Tennisbälle in 8-er Packs

5 Am Wochende haben 1 987 Personen die Seilbahn genutzt. Wie viele Gondeln waren voll besetzt, wenn immer acht Personen gefahren sind?

6 Eine Schulbibliothek hat 2 453 Bücher, die in Regale mit jeweils acht Fächern einsortiert werden sollen. Wie viele volle Regale gibt es?

1: Division mit Rest sowie die Kontrolle mit der Umkehraufgabe einführen
3: Begründen, warum Ergebnisse falsch sind
4 bis 6: Schrittfolge beim Lösen von Sachaufgaben beachten

Teilbarkeitsregeln

1

3 530 · 1 055 · 3 414 · 2 638 · 2 050 · 3 771 · 2 836 · 6 417 · 2 365 · 4 600

Schreibe alle Zahlen auf, die

a) durch 10 teilbar sind.
b) durch 100 teilbar sind.
c) durch 2 teilbar sind.
d) durch 5 teilbar sind.

2 a) Welche Zahlen sind durch 2 teilbar? Dividiere diese Zahlen schriftlich.

5 430 · 84 615 · 657 843 · 37 896 · 7 050

b) Welche Zahlen sind durch 5 teilbar? Dividiere diese Zahlen schriftlich.

5 430 · 84 615 · 657 843 · 37 896 · 7 050

3 Prüfe die Teilbarkeit der Zahlen.

a) 370, 605, 864
b) 4 380, 3 933, 6 900
c) 62 835, 24 972, 83 206
d) 63 371, 38 210, 40 502

S. 112 / 3

Zahl	:2	:5	:10	:100
370	X	X	X	
605				

4 Welche Zahlen können es sein?
Ergänze die letzte Ziffer.

a) Die Zahl ist durch 10 teilbar. 2 58■ 8 64■ 3 97■ 5 91■ 20 44■

b) Die Zahl ist durch 2 teilbar. 3 25■ 14 39■ 62 81■ 52 47■ 30 00■

c) Die Zahl ist durch 5 teilbar. 8 03■ 78 21■ 34 76■ 1 19■ 38 04■

5 Schreibe eine Zahl auf.
Ein anderes Kind überprüft, durch welche Zahlen sie teilbar ist.

1: Teilbarkeitsregeln wiederholen und anwenden

APP

AH S. 67
ÜH S. 60

Dividieren mit Größen

1 Ben, Max und Lisa kaufen für ein Picknick ein.
Der Einkauf kostet 28,44 Euro.
Wie viel Geld bezahlt jeder?

a) Erkläre, wie Ben rechnet.
b) Löse die Aufgabe und antworte.

28,44 € = 2 844 ct

2 844 ct : 3 = 927 ct

▢ ct = ▢ €

2 Die Kinder benötigen für einen Obstsalat eine Banane, eine Orange, einen Apfel und eine Kiwi. Berechne den Einzelpreis.

3 Überprüfe Lisas Behauptung.

4 Welcher Müsliriegel ist am günstigsten? Berechne den Einzelpreis.

5 Finde Preise von Produkten mit verschiedenen Verpackungsgrößen.
Vergleiche die Einzelpreise.

1: Dividieren mit Größen einführen: Durch Umwandeln in die kleinere Einheit kann die Aufgabe ohne Komma gelöst werden. Danach wird wieder in die größere Einheit umgewandelt.

Rechenregeln

1 Erkläre, wie Ben und Anna rechnen.

261 + 192 : 6 = ▢
192 : 6 = 32
261 + 32 = ▢

(261 + 192) : 6 = ▢
261 + 129 = 390
390 : 6 = ▢

2 Rechne und vergleiche die Ergebnisse. Was stellst du fest?

a) 360 : (4 + 2)
360 : 4 + 2

b) 40 : (7 + 8)
40 : 7 + 8

c) 320 + 360 : 8
(320 + 360) : 8

d) 890 − (2 · 140)
890 − 2 · 140

3 a) (3 852 − 252) : 9
625 − 420 : 6
7 · 200 − 250
800 − 6 · 90

b) 361 + 219 : 3
8 · 53 − 210
(4 590 − 42) : 4
1 328 + 344 : 8

c) 405 + (164 : 4)
(866 − 263) : 9
3 285 : 9 − 215
672 − 112 · 4

67 150 214 224 260 288 400 446 555 1137 1 150 1 371

4 Rechne. Beachte die Rechenregeln.

a) 364 : 4 + 217 : 7
974 + 7 · 18 − 98
252 : 6 − 7 · 6
343 + 252 : 4 − 126

b) 832 : 8 − 345 : 5
548 − 265 : 5 + 350
1 782 : − 297 : 9
230 − 216 · 3 − 79

0 35 122 280 561 799 845 1 002

5 Rechne und vergleiche die Ergebnisse. Was stellst du fest?

a) 240 : 4 + 560 : 4
(240 + 560) : 4

b) 600 : 3 + 210 : 3
(600 + 210) : 3

c) 848 : 8 − 568 : 8
(848 − 568) : 8

6

Addiere 251 zum Produkt aus den Zahlen 45 und 6.

Teile die Summe aus 250 und 70 durch die Differenz aus den Zahlen 43 und 35.

Subtrahiere 135 vom Quotienten aus 336 und 4.

4: Rechenregeln wiederholen und anwenden
5: Die Ergebnisse sind gleich (Distributivgesetz)

APP

AH S. 68
ÜH S. 62

Schriftliches Dividieren durch zweistellige Zahlen

1 Erkläre, wie Leo und Klara rechnen.

T	H	Z	E					H	Z	E
3	6	8	0	:	2	0	=	1	8	4
2	0									
1	6	8								
1	6	0								
		8	0							
		8	0							
			0							

T	H	Z	E					H	Z	E
3	0	2	5	:	2	5	=	1	2	1
2	5									
	5	2								
	5	0								
		2	5							
		2	5							
			0							

2 Dividiere schriftlich.

a) 5 460 : 20
9 240 : 30
6 050 : 50
4 920 : 40

b) 3 420 : 30
4 520 : 20
7 770 : 70
5 600 : 50

c) 7 920 : 60
6 550 : 25
7 800 : 50
2 520 : 12

d) 3 852 : 12
5 440 : 40
7 620 : 30
8 900 : 25

111 112 114 121 123 132 136 156 210 226 254 262 273 308 321 356

3 Vergleiche die Ergebnisse. Was stellst du fest?

a) 7 320 : 20
7 320 : 40

b) 6 360 : 20
6 360 : 40

c) 5 220 : 30
5 220 : 60

d) 6 300 : 25
6 300 : 50

4 Finde die vier Fehler. Berichtige im Heft.

a) 3 460 : 20 = 170
9 030 : 30 = 31
6 480 : 40 = 162

b) 4 560 : 40 = 117
6 450 : 50 = 124
6 300 : 30 = 21

c) 5 400 : 50 = 180
8 680 : 70 = 112
5 320 : 20 = 265

5 Eine Obstplantage hat eine Ernte von 7 620 Äpfeln.
Diese sollen in Kisten abgepackt werden. Wie viele Kisten werden es?

a) Es passen 20 Äpfel in eine Kiste.
b) Es passen 30 Äpfel in eine Kiste.

6 a) Es sollen 22 720 Birnen verpackt werden.
Wie viele Kisten werden es?

b) Es sollen 18 600 Birnen verpackt werden.
Reichen 460 Kisten aus?

1: Division mit zweistelligem Divisor einführen
3: Verdoppelt sich der Divisor, halbiert sich der Quotient.

Sachaufgaben

JUGENDHERBERGE

Zimmer für Kinder
4-Bett-Zimmer
6-Bett-Zimmer

Zimmer für Erwachsene
1-Bett-Zimmer

1 Der Sportverein Turnfreunde möchte für fünf Tage an die Ostsee nach Stralsund fahren. Im Verein trainieren 14 Mädchen und 8 Jungen. Eine Trainerin und ein Papa fahren mit.

Kosten für 4 Übernachtungen	
Unterkunft mit Frühstück	160 €
Unterkunft mit Halbpension	188 €
Unterkunft mit Vollpension	220 €
Bahnfahrt	71 €

a) Wie viel Geld muss die Gruppe insgesamt für die Bahnfahrt bezahlen?
b) Wie viele Zimmer braucht die Gruppe?
c) Wie viel kostet die Unterkunft mit Halbpension pro Tag für jede Person?
d) Wie viel kostet die Unterkunft mit Vollpension für alle Personen zusammen?
e) Welche Verpflegung würdest du wählen? Begründe.

2 Der Verein will mit dem Zug von Leipzig nach Stralsund fahren. Es gibt drei verschiedene Möglichkeiten.

	Fahrt 1	Fahrt 2	Fahrt 3
Leipzig Hbf	ab 8:18 Uhr	ab 8:48 Uhr	ab 10:16 Uhr
Bitterfeld Hbf Bitterfeld Hbf		an 9:15 Uhr ab 9:15 Uhr	
Berlin Hbf Berlin Hbf	an 9:29 Uhr ab 10:33 Uhr	an 10:23 Uhr ab 10:33 Uhr	an 11:30 Uhr ab 11:44 Uhr
Stralsund Hbf	an 13:43 Uhr	an 13:43 Uhr	an 14:34 Uhr

a) Berechne die Gesamtfahrzeiten und die Umsteigezeiten für jede Fahrt.
b) Welche Fahrt hat die kürzeste Umsteigezeit?
c) Sortiere die Fahrten nach der Gesamtreisedauer. Beginne mit der kürzesten Dauer.
d) Welche Fahrt würdest du wählen? Begründe.

1: Planen einer Reise unter Nutzung verschiedener Preisangaben
2: Fahrzeitermittlung anhand eines Fahrplans, Beachtung der Umsteigezeiten

AH S. 69

3 Am Montag nach der Ankunft unternehmen die Kinder eine Wanderung am Strand. Alle 60 Meter sind Buhnen angelegt, die dem Küstenschutz dienen.

a) Die Kinder starten bei der ersten Buhne und drehen bei der neunten Buhne wieder um.
   Wie viele Kilometer sind sie gelaufen?
b) Ben und Mila laufen drei Buhnen weiter.
   Wie viele Kilometer sind sie gelaufen?

4 Am Dienstag wandern die Kinder.
Sie laufen 1 Kilometer und 700 Meter zu einem Leuchtturm.
Danach laufen Sie zu einem Museum.
Diese Strecke ist 320 Meter länger.
Vom Museum zurück zur Unterkunft sind es 650 Meter.

Wie viele Kilometer wandern sie insgesamt auf der Insel?

5 Am Mittwoch fahren die Kinder mit dem Schiff zur Insel Hiddensee.

a) Die Fahrkarte kostet für die Hin- und Rückfahrt 14,70 Euro pro Kind und 16,30 Euro für Erwachsene.
   Wie viel Euro muss die Gruppe insgesamt bezahlen?
b) Die Fähre kommt um 11:48 Uhr in Kloster auf Hiddensee an.
   Um 17:19 Uhr fährt sie wieder zurück nach Stralsund.
   Wie lang können die Kinder auf der Insel bleiben?

6 Am Donnerstagabend findet zum Abschluss eine Spaßolympiade statt.
Die Kinder besuchen dabei nacheinander verschiedene Stationen. Die Reihenfolge können sie selbst bestimmen.

Wie viele Möglichkeiten gibt es, die Stationen zu besuchen?
Zeichne ein Baumdiagramm.

7 Suche in Internet nach weiteren Ausflugsmöglichkeiten in Stralsund.
Recherchiere die möglichen Kosten.

3: Funktion von Buhnen als Küstenschutz besprechen
4: Aufgabe mithilfe einer Skizze lösen
6: Aufbau des Baumdiagramms wiederholen

Körper

ERINNERE DICH

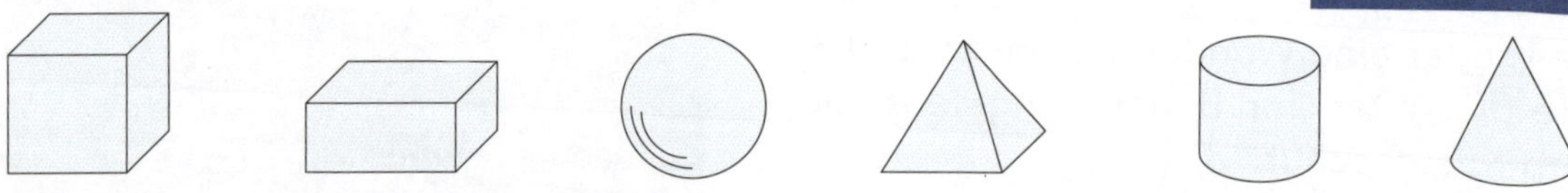

Würfel, Quader, Kugel, Pyramide, Zylinder und Kegel sind Körper (räumliche Figuren). Sie besitzen Ecken und Kanten und werden durch Flächen begrenzt.

1 Beschreibt die Körper.
a) Wie viele Ecken, Kanten und Flächen besitzen sie?
b) Welche Begrenzungsflächen haben sie?
c) Nenne die Grundfläche des jeweiligen Körpers.

2 a) Aus welchen Körpern wurden die Bauwerke zusammengesetzt?
b) Beschreibe die Lage der Körper.

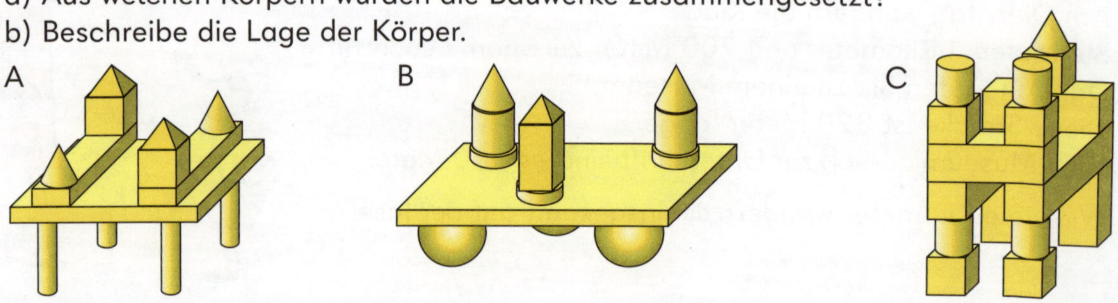

3 Welcher Körper kann es sein?

a) Der Körper hat nur quadratische Flächen.
b) Der Körper hat weder Ecken noch Kanten.
c) Zwei Flächen des Körpers sind kreisförmig.
d) Der Körper hat 5 Flächen.
e) Der Körper hat eine Spitze und eine Kante.
f) Die Grundfläche des Körpers ist rechteckig.
g) Die sich gegenüberliegenden Flächen des Körpers sind jeweils gleich groß.

4 Beschreibe verschiedene Körper. Schreibe in dein Heft.

5 Aus welchen Teilen können der Würfel und der Quader zusammengesetzt werden?

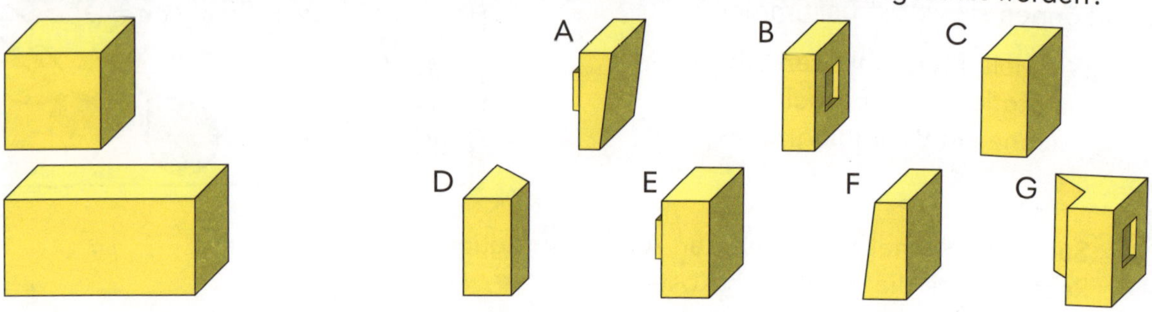

Körper und ihre Lage zueinander beschreiben, Eigenschaften der Körper wiederholen, Begriffe „Ecke“, „Kante“, „Fläche“ verwenden

APP

AH S. 70
ÜH S. 63

Würfelnetze

ERINNERE DICH

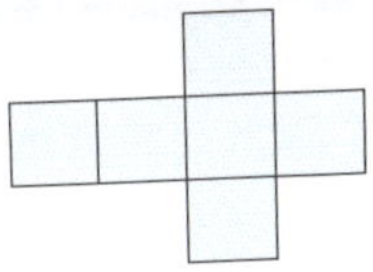

Ein Würfelnetz besteht aus 6 gleich großen Quadraten.
Wenn man das Würfelnetz zusammenfaltet, entsteht ein Würfel.

1 Findet alle verschiedenen Würfelnetze.

2 Sind es Würfelnetze? Überprüfe. Begründe.

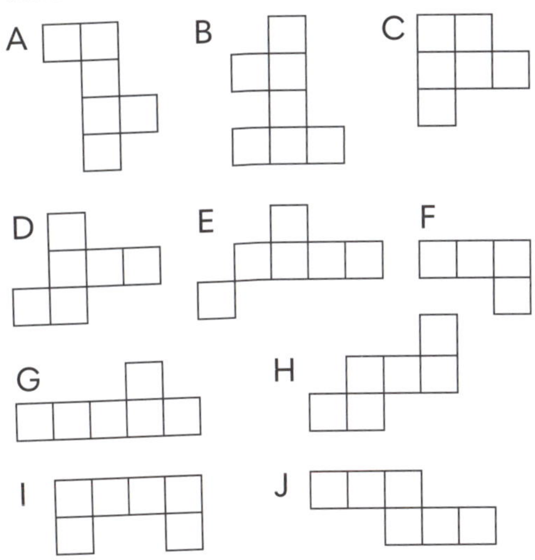

Checkliste

- immer 6 Quadrate
- immer eine gemeinsame Kante
- nie 4 Quadrate mit gemeinsamem Eckpunkt
- nie mehr als 4 Quadrate in einer Reihe
- wenn 4 Quadrate in einer Reihe, dann liegen die anderen beiden Quadrate rechts und links

3 Bei welchen Würfelnetzen haben die gegenüberliegenden Flächen dieselbe Farbe?

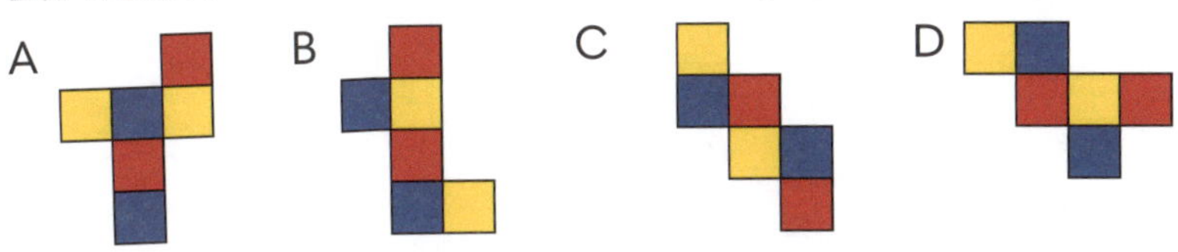

1: Begriff „Würfelnetz" wiederholen und Würfelnetze (Beilage nutzen) durch Probieren herstellen, 11 mögliche Würfelnetze finden 2: Überprüfen, ob die Figur ein Würfelnetz darstellt, Checkliste nutzen
3: Überlegungen ggf. mit hergestellten Würfelnetzen überprüfen

APP

AH S. 71
ÜH S. 64

Quadernetze

ERINNERE DICH

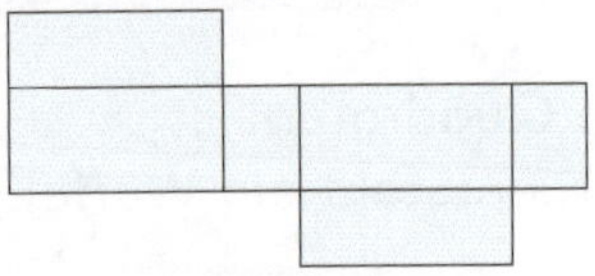

Ein Quadernetz besteht aus 6 Rechtecken.
Wenn man das Quadernetz zusammenfaltet,
entsteht ein Quader.

1 Finde verschiedene Quadernetze.

2 Sind es Quadernetze? Überprüfe. Begründe.

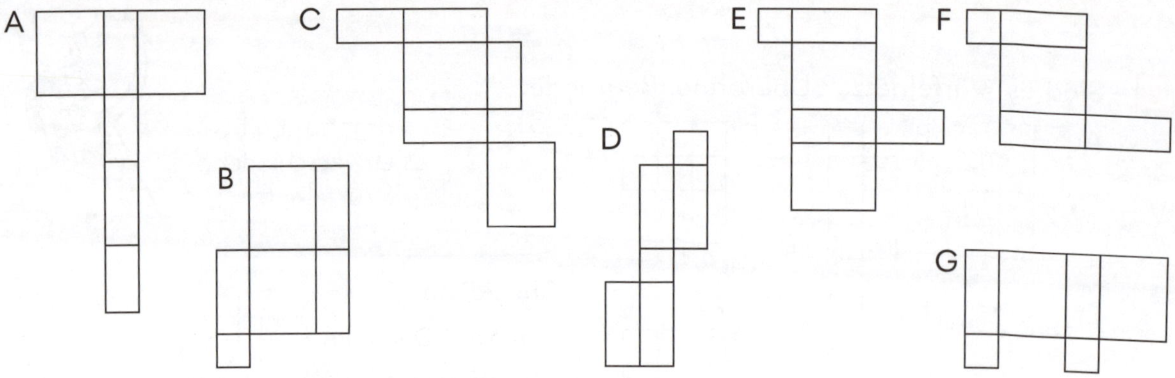

3 Welches Quadernetz gehört zu welchem Quader?

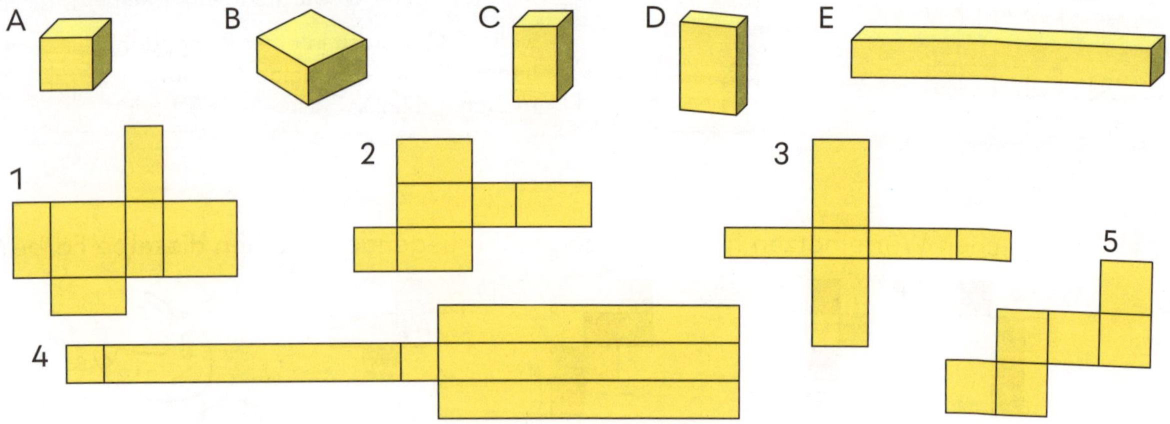

1: Begriff „Quadernetz" wiederholen; Quadernetze durch Kippen eines Quaders und Aufschneiden von quaderförmigen Verpackungen finden 2: Checkliste der Würfelnetze übertragen, B-KV 18 nutzen
3: Quader einem Quadernetz zuordnen, B-KV 19 nutzen

APP

AH S. 71
ÜH S. 64

Körpernetze

1 Leo Lisa Amir

MERKE DIR

Ein **Körpernetz** entsteht, wenn man einen geometrischen Körper auffaltet.

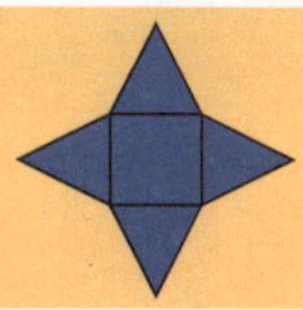

2 a) Benenne die Körper.
b) Ordne den Körpern ihre Netze zu.
c) Ein Körpernetz fehlt. Welches? Begründe.

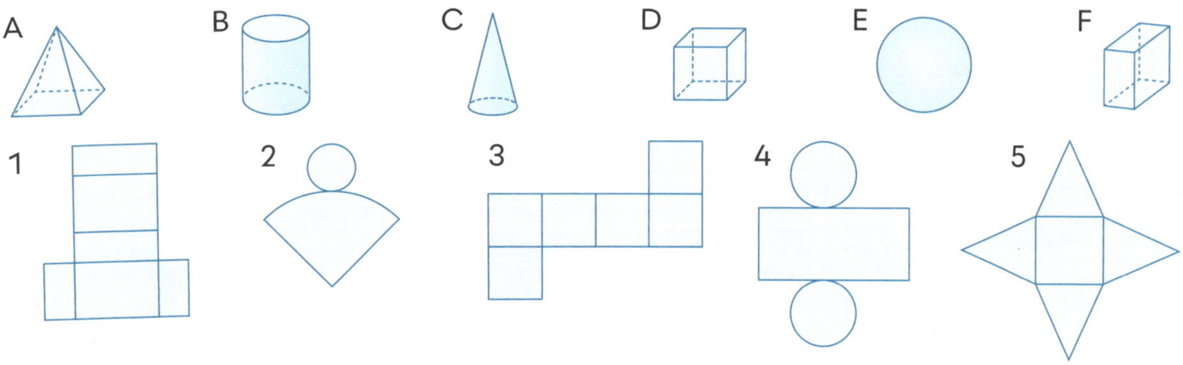

3 a) Zu welchen Körpernetzen können diese Beschreibungen gehören?

Bei meinem Körpernetz sind nur Quadrate miteinander verbunden.	Mein Körpernetz besteht aus einem Kreis und einem Kreisausschnitt.	Mein Körpernetz besteht aus zwei Kreisen und einem Rechteck. Falte ich das Netz zum Körper, erhalte ich zwei gebogene Kanten.

b) Schreibe für die fehlenden Körpernetze die Beschreibungen auf.

Kante:	**Fläche:**
gerade, gebogen, gekrümmt	kreisförmig, dreieckig, rechteckig, quadratisch

4 Finde die Fehler. Berichtige.

a) Setze ich fünf dreieckige Flächen richtig zusammen, erhalte ich einen Körper.
b) Mein Köpernetz besitzt eine kreisförmige und eine dreieckige Fläche.
c) Mein Köpernetz besteht aus zwei rechteckigen und zwei kreisförmigen Flächen.

1: Begriff „Körpernetz" einführen, Körpernetze (Beilage) herstellen
3: Beschreibungen von Körpernetzen verschiedenen Körpern zuordnen und selbst schreiben

Körpernetze

1 Welches Zylindernetz passt zu welchem Zylinder? Begründe.

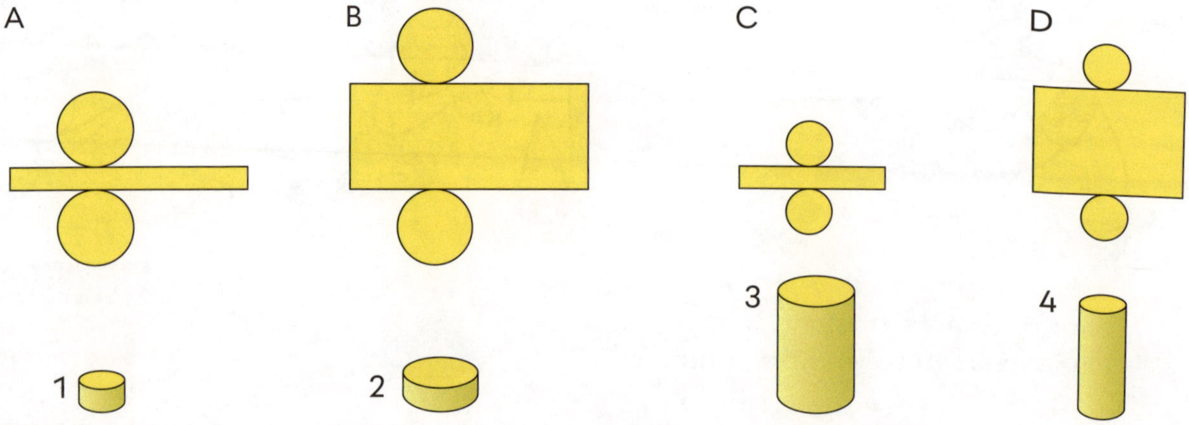

2 Finde verschiedene Kegelnetze.
Erkläre, wo die Kreisfläche liegen kann.

3 Sind es Kegelnetze? Begründe.

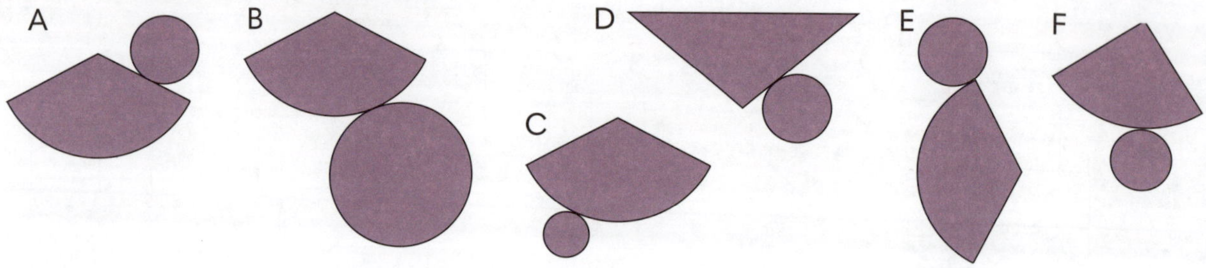

4 Sind es Pyramidennetze? Begründe.

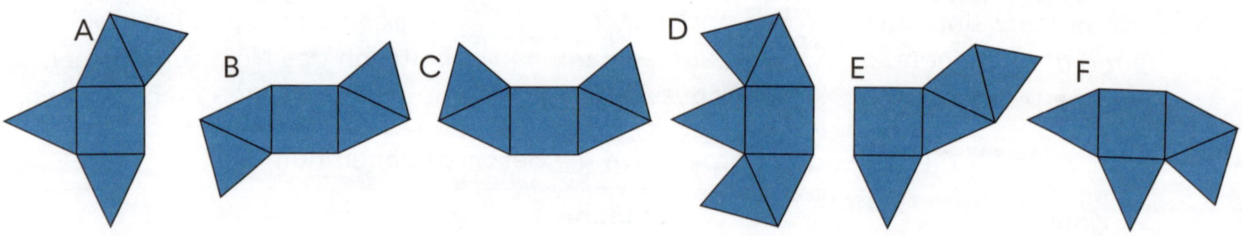

5 Lege und zeichne das Körpernetz
zu dieser Pyramide.

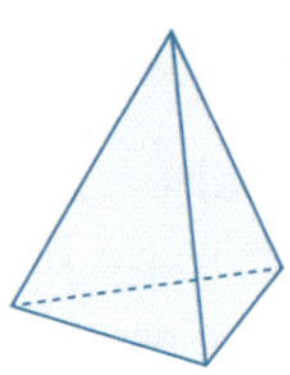

APP

AH S. 72
ÜH S. 65

Schrägbilder

1 a) Zeichne mit Lineal und Bleistift.

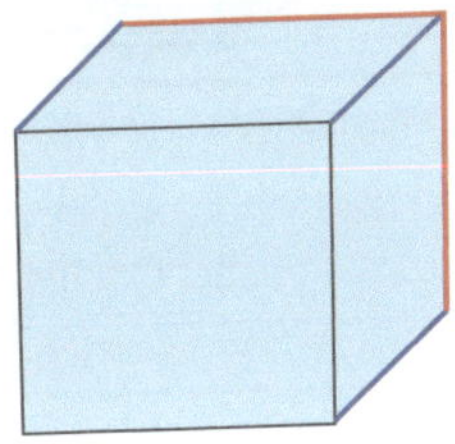

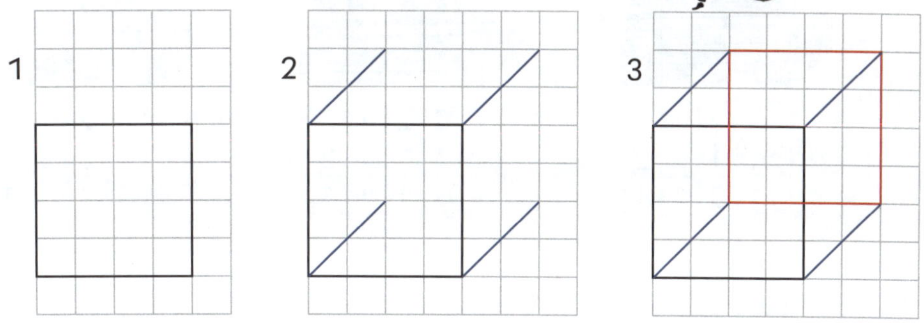

Zeichne die Vorderfläche.	Zeichne die nach hinten verlaufenden Kanten parallel zueinander.	Verbinde die hinteren Eckpunkte miteinander.

b) Zeichne weitere Würfel mit den Kantenlängen 6, 8 und 10 Kästchen.

2 Zeichne mit Lineal und Bleistift.

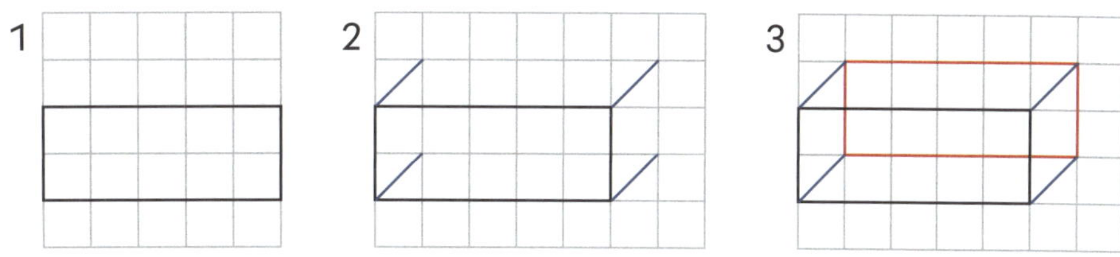

3 Zeichne mit Lineal und Bleistift.

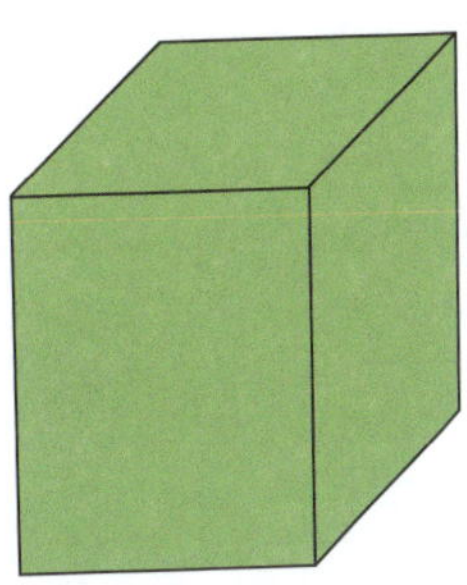

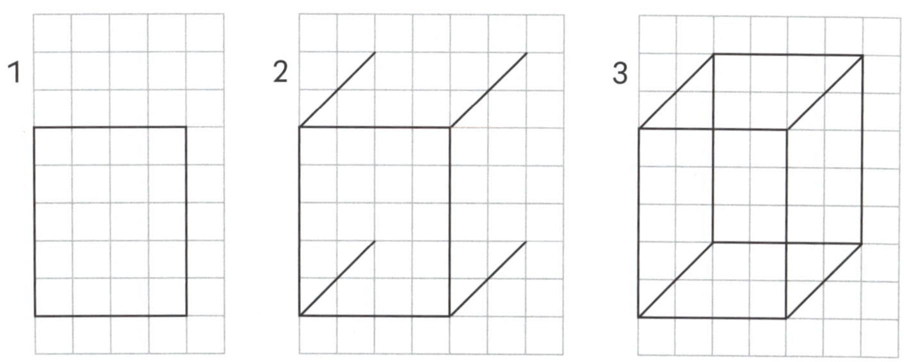

4 Zeichne Würfel, die nebeneinander stehen.

Würfelbauten

1 Ordne den Gebäuden die Baupläne zu.
Bestimme die Anzahl der Würfel mithilfe der Baupläne.

1

2

3

4

A

1	3	2	1	3
1	2	1	1	2
1	1	0	1	1

B

1	3	2	1	3
1	1	1	1	2
1	0	1	1	1

C

1	3	2	1	3
1	2	1	1	2
1	0	1	1	1

D

1	2	3	1	3
1	2	1	1	2
1	0	1	1	1

2 Schreibe den Bauplan. Bestimme die Anzahl der Würfel.

a)

b)

c)

d)

3 Aus wie vielen Würfeln besteht der Quader?
Schreibe die Multiplikationsaufgabe auf.

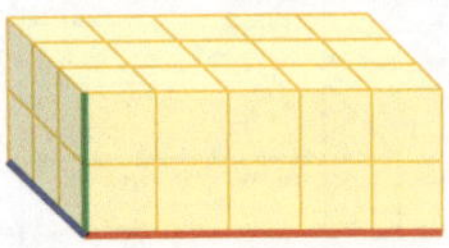

$5 \cdot 3 \cdot 2 = 30$

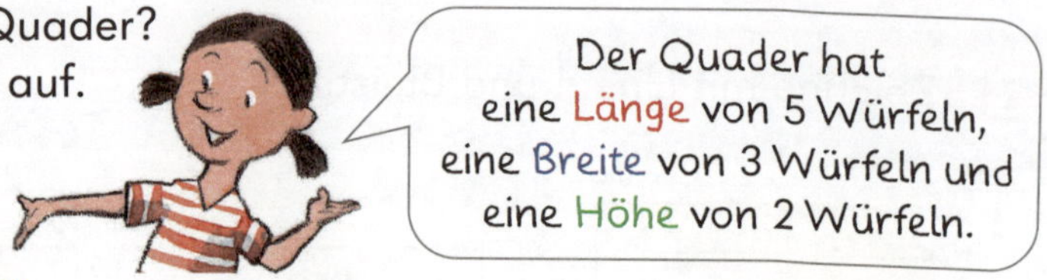

a)
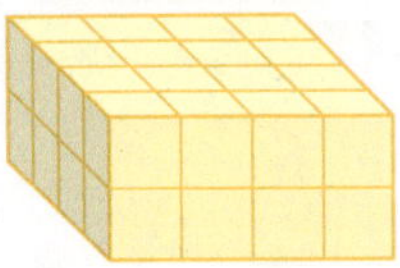

b)
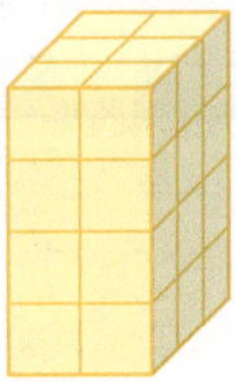

c)

d)

4 Ergänze die Tabelle.

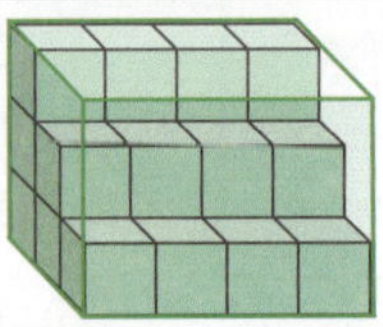
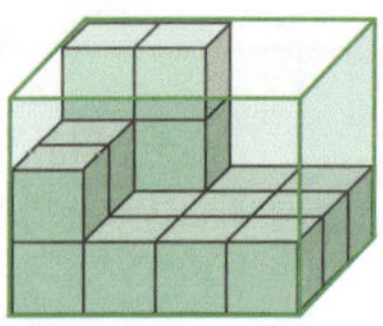
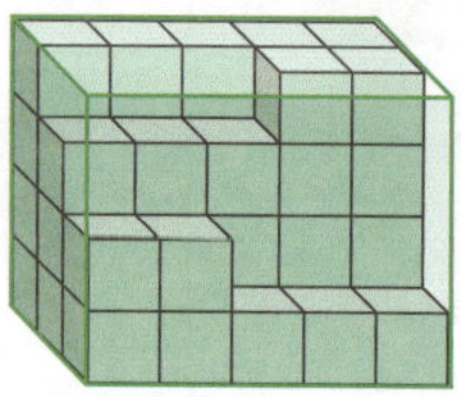

Würfel im Quader	$4 \cdot 3 \cdot$ ☐ = ☐			
verbaute Würfel				
fehlende Würfel				

1 und 2: Lesen von Bauplänen wiederholen
3 und 4: Anzahl der Würfel rechnerisch bestimmen mithilfe von Länge, Breite und Höhe

APP

AH S. 74
ÜH S. 66

Rauminhalt

1 Wie viele Würfel passen in den Körper?

a) 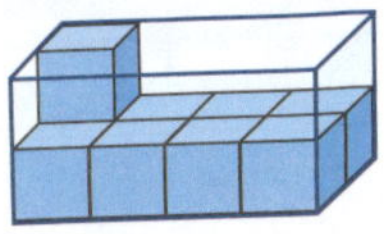

b) 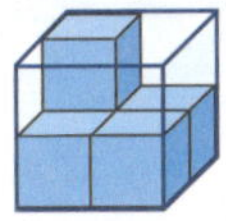

c) 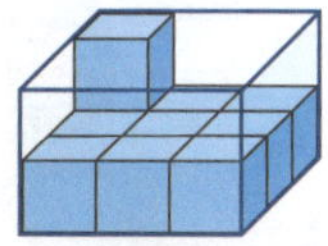

d) 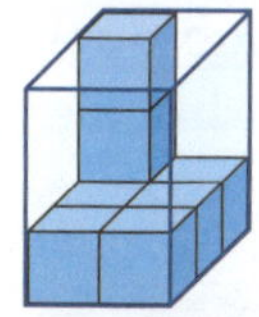

MERKE DIR

Der **Rauminhalt** (Volumen) gibt das Fassungsvermögen eines Körpers an. Er kann durch das Auffüllen mit Flüssigkeiten oder das Auffüllen mit Einheitswürfeln ermittelt werden.

Das ist ein Einheitswürfel.

Der Würfel hat eine Länge, Breite und Höhe von 1 cm.

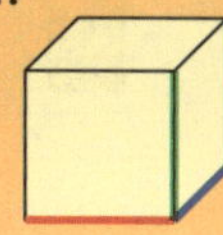

2 In welchen Körper passen mehr Würfel?
Schätze zuerst, berechne danach.

A 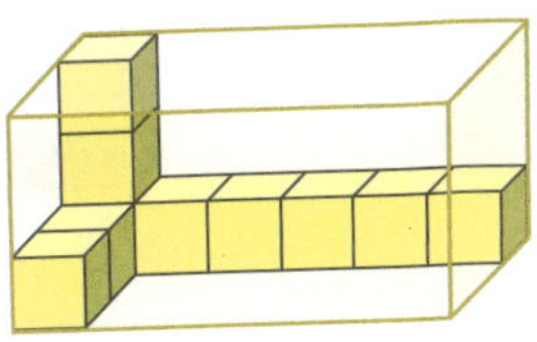

B 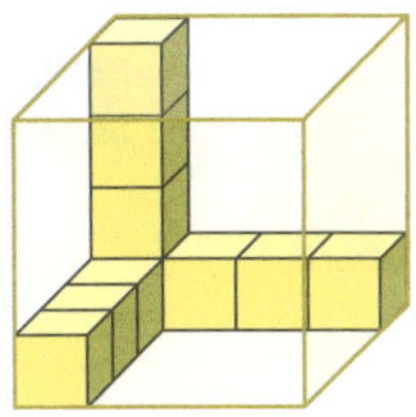

3 Bestimme den Rauminhalt.

a) 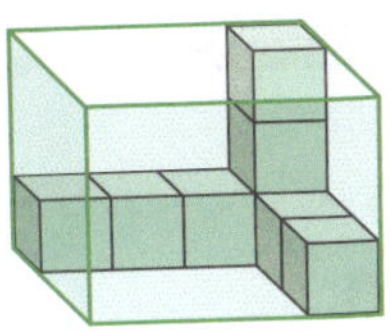

b) 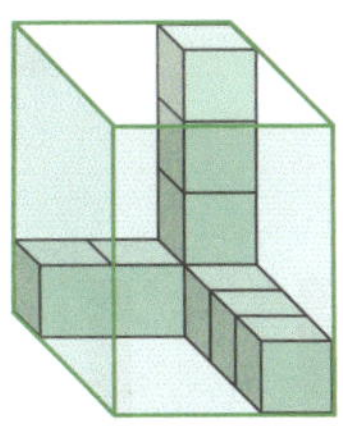

c) 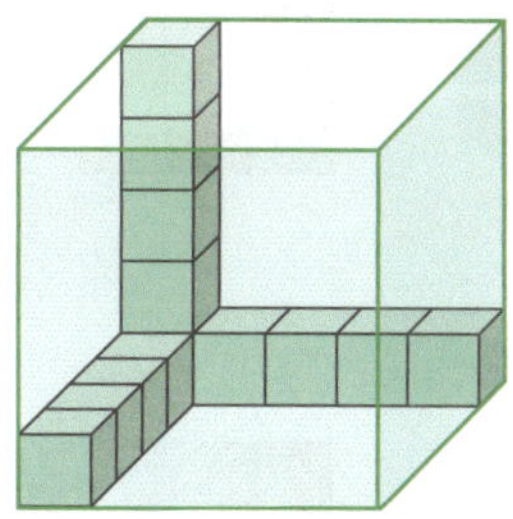

d) 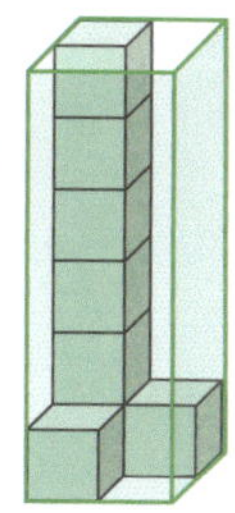

4 Baue einen Quader mit einem Rauminhalt von 8, 12, 24, 27 oder 36 Einheitswürfeln.
Finde verschiedene Möglichkeiten. Vergleiche mit einem anderen Kind.

5 Wie viele Einheitswürfel passen in den Quader?

a) 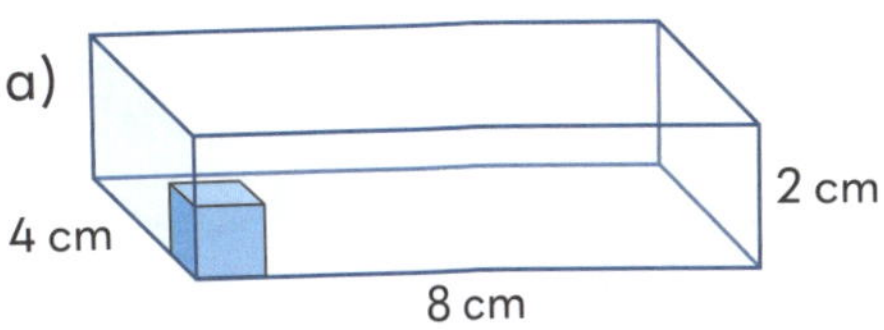

b) 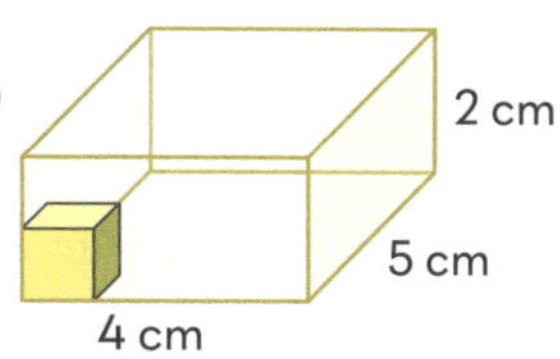

6 a) Errechne, wie viele Einheitswürfel in diesen Würfel passen.
b) Finde heraus, wie viele Liter den gleichen Behälter ausfüllen.
c) Wie viele Milliliter füllen einen Einheitswürfel aus?

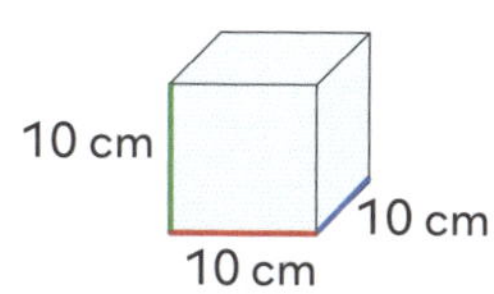

1 bis 5: Begriff „Rauminhalt" einführen und den Rauminhalt mithilfe von Einheitswürfeln bestimmen
6: Zusammenhang zum Begriff „Liter" herstellen

APP

AH S. 74
ÜH S. 66

Ansichten

1 Baue nach.
Ordne die Ansichten zu.

S. 126 / 1
A von vorn
B

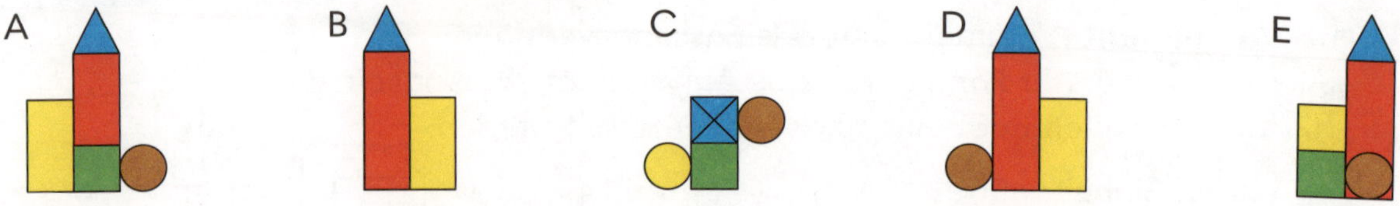

2 Baue nach. Ordne die Ansichten zu.

a)

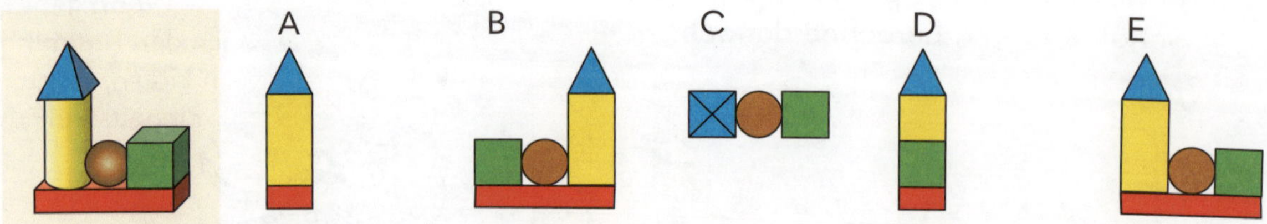

b)

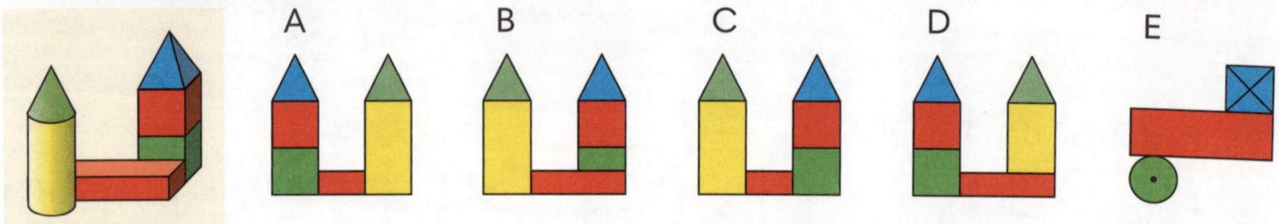

c)

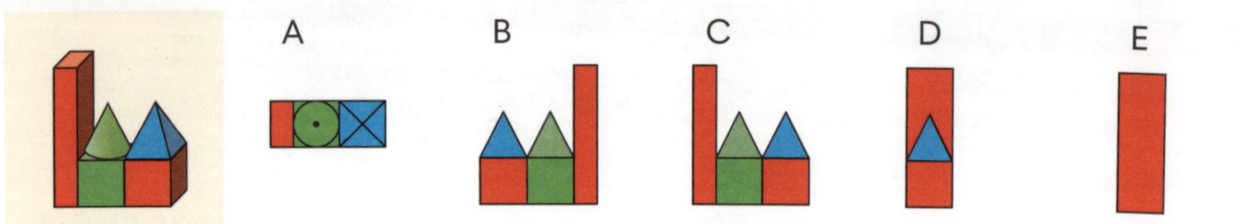

3

a) Skizziere die Ansichten in dein Heft.
b) Setze den Kegel auf den Zylinder und die Pyramide auf den Würfel.
Skizziere nun die Ansichten in dein Heft.

4 Erfinde eine eigene Figur und skizziere die Ansichten.

1 bis 3: Gebäude bei Bedarf nachbauen, Lagebeziehung der Körper zueinander thematisieren, Ansichten zuordnen

APP

AH S. 75
ÜH S. 67

Kopfgeometrie

1 Skizziere die Ansichten der Bauwerke von vorn.

Max

Mein Bauwerk besteht aus drei geometrischen Körpern: Einem Quader, einem Würfel und einem Kegel. Der Quader steht in der Mitte, der Würfel liegt rechts und der Kegel steht links vom Quader.

Leo

Mein Bauwerk besteht aus drei gleich großen Würfeln in Rot, Blau und Grün. Der rote Würfel liegt genau unter dem grünen Würfel. Der dritte Würfel liegt rechts neben dem roten Würfel.

Anna

Mein Bauwerk besteht aus einer Pyramide, einem Quader, einem Würfel und einem Zylinder. Der Quader liegt unten. Darauf steht in der Mitte der Zylinder. Links neben dem Quader liegt der Würfel. Darauf steht die Pyramide.

2 Mit welchen Teilen kannst du die Lücke im Würfel auffüllen? Findet verschiedene Möglichkeiten.

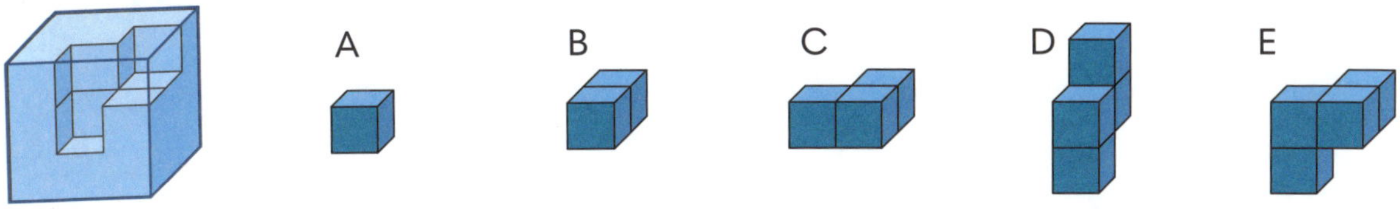

3 Wie viele Flächen besitzen diese Körper?

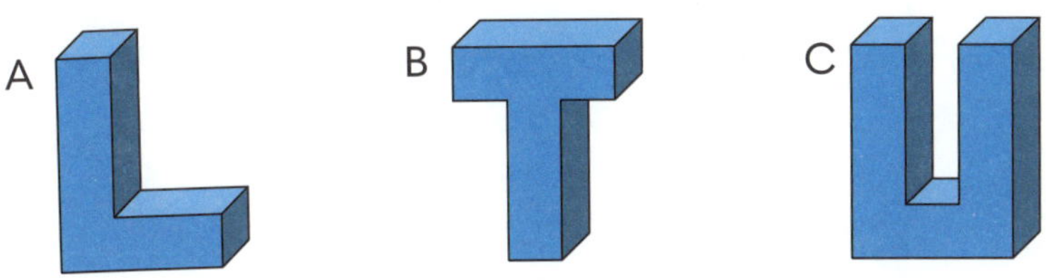

4 Der Würfel wird entlang des Pfeils gekippt. Welche Fläche liegt dann jeweils oben?

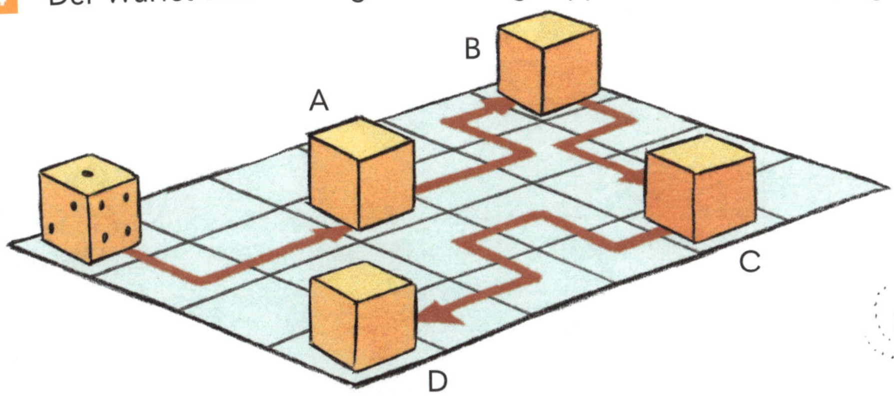

1: Ansichten nach Beschreibung zeichnen
3: Differenzierung: Anzahl der Ecken und Kanten bestimmen

BIST DU FIT?

1 Dividiere schriftlich.

a) 6 282 : 3
3 528 : 4

b) 3 402 : 6
2 114 : 7

c) 8 315 : 5
2 840 : 8

d) 5 283 : 9
7 203 : 3

2 Rechne im Kopf oder schriftlich.

a) 3 200 : 2
4 808 : 8
7 625 : 5

b) 3 600 : 3
7 264 : 4
5 112 : 6

c) 8 024 : 8
5 562 : 3
2 709 : 9

d) 88 888 : 8
76 024 : 2
45 549 : 9

3

a) 247 : 3
516 : 8
631 : 7

b) 3 246 : 5
1 772 : 6
2 612 : 5

c) 8 453 : 2
6 541 : 4
7 054 : 3

4 Schreibe alle Zahlen auf, die

a) durch 2 teilbar sind.
b) durch 5 teilbar sind.
c) durch 3 teilbar sind.

5 550 | 3 546 | 6 421 | 1 002 | 7 815 | 3 520 | 2 219 | 1 080 | 6 202 | 3 520

5 Sind es Würfelnetze? Überprüfe.

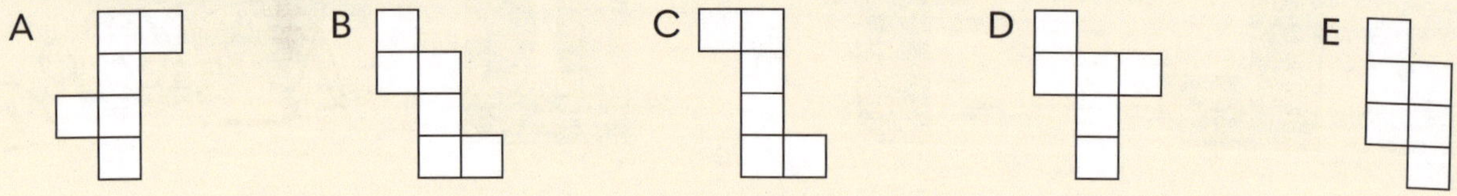

6 Ergänze zu einem Quadernetz. Zeichne im Heft.

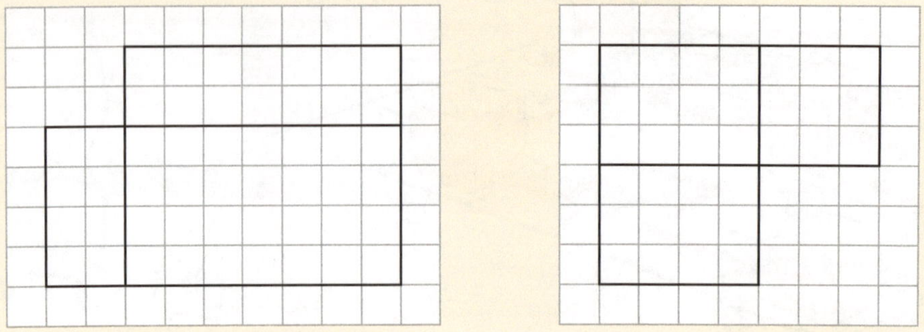

Bingo

1 Nehmt ein Bingofeld und legt die Karten auf den Tisch.
Spielt Bingo.

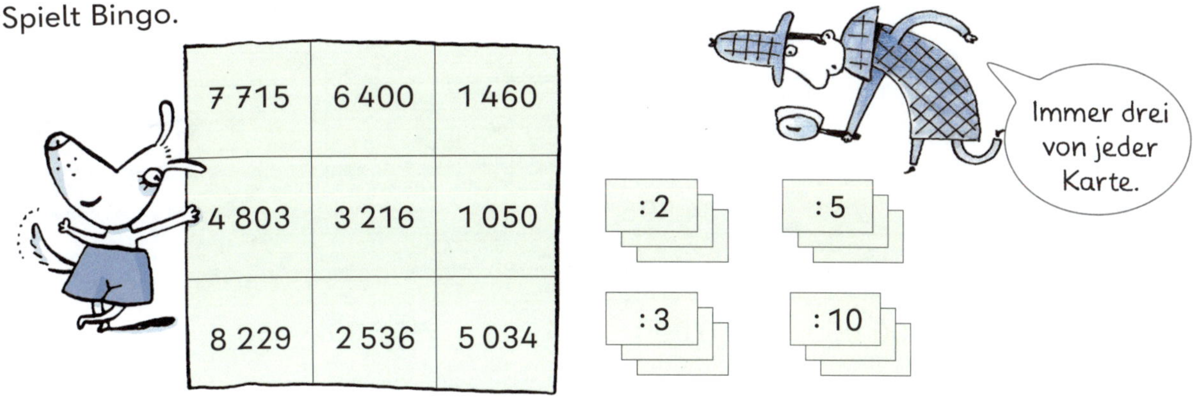

2 Tragt diese Zahlen beliebig in eurer Bingofeld ein.

2 536 | 1 050 | 5 034 | 4 803 | 6 400 | 3 216 | 8 229 | 1 460 | 7 715

Spielt Bingo wie in 1.

3 Nennt abwechselnd eine vierstellige Zahl, die durch 2, 3, 5 oder 10 teilbar ist.
Tragt diese Zahlen beliebig in eurer Bingofeld ein.
Wenn alle Felder belegt sind, spielt Bingo wie in 1.

1 bis 3: Beim Bingo spielen Teilbarkeitsregeln anwenden
B-KV 20 nutzen

Addieren und Subtrahieren

1 Bestimme die Nachbarzahlen.

NZT	NT	NH	NZ	Zahl	NZ	NH	NT	NZT
				16 389				
				425 813				
				95 354				
				634 895				

2 a) Ergänze zu 100 000. 30 000 75 000 90 500 50 700

b) Ergänze zu 1 000 000. 750 000 820 000 600 500 320 000

3 a)
43 000 + 17 000
258 000 + 40 000
54 200 + 17 000
427 300 + 58 000

b)
5 400 − 2 700
146 200 − 12 000
683 000 − 60 000
63 540 − 320

c)
346 000 + 54 000
65 730 − 500
863 420 + 20 000
478 300 − 26 000

4 Wie geht es weiter? Finde die Regel.

a) 16 300 17 000 ☐ … 21 200

245 390 245 470 ☐ … 245 950

b) 26 320 26 250 ☐ … 25 830

784 300 783 500 ☐ … 778 700

5 Am Mittwoch kamen zum Fußballspiel der Regionalliga 3 240 Personen.
Am Samstag waren es 8 790 Personen.

6 Der Minuend ist 28 400, der Subtrahend ist 7 200. Wie groß ist die Differenz?

Die Summanden sind 6 320 und 590. Berechne die Summe.

Der Subtrahend ist das Doppelte von 750. Der Minuend beträgt 28 500. Berechne die Differenz.

7 Nennt euch gegenseitig Zahlenrätsel.
Löst diese abwechselnd.

4: Letzte Zahl der Folge als Kontrolle nutzen
5: Frage finden, lösen und beantworten

APP

AH S. 77
ÜH S. 68

8 Überschlage zuerst, rechne dann schriftlich.

a) 92 771 + 716 649
127 260 + 53 908
4 312 + 603 204
546 522 + 446 231

b) 897 853 – 559 731
928 654 – 3 022
36 405 – 15 837
725 047 – 214 859

c) 62 854 + 12 784 + 6 003
408 374 + 50 898 + 19 804
233 098 – 15 682 – 110 405
98 066 – 50 854 – 3 964

9 Entscheide, ob du im Kopf oder schriftlich rechnest.

62 024 + 18 012 | 736 821 + 16 319 | 123 860 – 20 430 | 8 250 + 5 970
62 070 – 31 035 | 351 408 – 236 324 – 7 809 | 324 836 – 109 534
138 304 + 69 945 + 12 192 | 273 000 + 58 000 | 65 700 – 43 000

10 Familie Melnik will neue Fahrräder kaufen.
Sie haben dafür 9 000 Euro gespart.
Die E-Bikes für die Eltern kosten 3 450,00 Euro und 3 575,00 Euro. Die beiden Kinder erhalten ein Fahrrad für je 740,50 Euro.

a) Reicht das Geld? Überschlage.
b) Berechne den Gesamtpreis und antworte.
c) Stelle weitere Fragen, rechne und antworte.

11 Bilde mindestens drei Additionsaufgaben und drei Subtraktionsaufgaben.

63 540 | 96 650 | 25 890 | 54 890 | 9 870
15 850 | 41 250 | 49 800 | 74 690

a) Die Summe soll zwischen 70 000 und 80 000 liegen.
b) Die Differenz soll zwischen 33 000 und 34 000 liegen.

12 Löse die Gleichungen und Ungleichungen.

a) 3 870 + d = 4 200
a + 390 = 13 390
4 570 + 230 = c
7 300 – a = 6 990
c – 670 = 3 200

b) 14 322 – i > 14 318
b + 7 650 < 7 657
18 402 – a > 18 395
7 329 + c < 7 334
28 405 – b > 28 412

9: Entscheidung, welche Aufgaben im Kopf und welche schriftlich gerechnet werden, begründen lassen

Multiplizieren und Dividieren

1

a)	b)	c)	d)
4 · 90	60 · 80	63 : 7	5 400 : 60
5 · 300	200 · 40	630 : 7	72 000 : 900
9 · 1 000	50 · 300	6 300 : 7	480 000 : 800
8 · 70 000	90 · 80	63 000 : 7	32 000 : 40

2

a)	b)	c)	d)
3 · 450	3 · 2 340	448 : 8	7028 : 7
6 · 180	6 · 8 450	657 : 9	8024 : 8
7 · 720	7 · 5 020	784 : 7	4200 : 4

3 a) Rechne. Was stellst du fest?

6 284 · 2	4 826 · 4	28 400 · 3	24 000 : 30	32 000 : 40
3 142 · 2	4 826 · 8	14 200 · 3	24 000 : 60	32 000 : 80

b) Finde selbst solche Aufgaben.

4 Immer zwei Aufgaben haben das gleiche Ergebnis.

3 254 · 3	246 · 228	2 947 · 14	1 626 · 6	456 · 123
3 024 · 158	598 · 35	2 093 · 10	5 894 · 7	59 724 · 8

5

Bilde das Produkt aus den Faktoren 3 406 und 25.

Ben

Ein Faktor beträgt 254 und der andere 3 686. Wie groß ist das Produkt?

Anna

Der Dividend ist 159 996. Der Divisor beträgt 4. Berechne den Quotienten.

Leo

Dividiere 63 084 durch 7.

Max

6 Das Produkt zweier benachbarter Zahlen ist 600. Wie heißen die Zahlen?

7 Dividiere schriftlich. Kontrolliere mit der Umkehraufgabe.

a) 3 850 : 5
4 928 : 7
6 759 : 9

b) 22 575 : 7
18 042 : 3
89 109 : 9

c) 16 899 : 3
43 505 : 5
8 040 : 8

d) 61 520 : 5
144 186 : 7
298 920 : 6

8 Finde die fünf Fehler. Berichtige im Heft.

a) 5 029 : 4 = 1 257 R 1
2 173 : 5 = 45 R 3
5 897 : 7 = 842 R 3
7 253 : 2 = 3 626 R 2
7 545 : 6 = 1 257 R 3

b) 1 001 : 8 = 25 R 1
1 076 : 3 = 358 R 3
8 064 : 9 = 895 R 3
2 843 : 5 = 568 R 2
5 279 : 7 = 744 R 3

9 Welche Zahlen können es sein? Ergänze die letzte Ziffer.

a) Die Zahl ist durch 10 teilbar. 4■ 25■ 1 34■ 23 63■ 134 53■

b) Die Zahl ist durch 2 teilbar. 3■ 16■ 5 67■ 43 33■ 297 79■

c) Die Zahl ist durch 5 teilbar. 8■ 23■ 9 04■ 67 75■ 894 91■

10 Entscheide, ob du im Kopf oder schriftlich rechnest.

180 · 5 | 5 600 : 7 | 1 234 · 200 | 14 628 : 6 | 72 000 : 800 | 888 · 30

54 630 : 5 | 440 · 5 | 622 · 398 | 32 048 : 8 | 729 210 : 3 | 14 308 : 7

11 Löse die Aufgaben und beachte die Rechenregeln.

a) 450 + 36 : 9
(450 + 36) : 9

b) 530 − 105 : 5
(530 − 105) : 5

c) 6 · 120 + 320 : 8
6 · 25 − 800 : 20

12

Fahrkarte
Einzelfahrt: 7,50 €

Wie viel muss Herr Meier bezahlen, wenn er fünfmal nach Leipzig und zurück nach Hause fährt?

8: Begründen, warum Ergebnisse falsch sind
12: Einzelfahrkarte ist nur Hinfahrt oder nur Rückfahrt

Größen

1 Ordne die Längenangaben der Größe nach, beginne mit der größten.

8,7 km | 890 cm | 8 km 70 m | 87 cm 5 mm | 87 000 m | 8 700 mm | 89 km

2 Vergleiche die Masseangaben: <, >, = .

a)			b)		
60 t	◯	850 kg	85 kg	◯	920 g
6,5 t	◯	6 500 kg	10,7 kg	◯	1 007 g
3,05 t	◯	305 kg	0,9 kg	◯	900 g
0,02 t	◯	120 kg	2,305 kg	◯	2 350 g

3 Ben und Lisa möchten zum Klassenfrühstück Erdbeerquark herstellen. Dazu brauchen sie 1,5 Kilogramm Quark und $\frac{3}{4}$ Kilogramm Erdbeeren.
Stelle Fragen, rechne und antworte.

4 Klara trinkt jeden Tag $1\frac{1}{2}$ Liter.

a) Wie viele Liter trinkt sie in einer Woche?
b) Wie viele Liter trinkt Klara im Monat Juni?

5 a) Berechne die Fahrzeit.

8 : 12 Uhr —(+ ☐ min)→ 8 : 55 Uhr

15 : 45 Uhr —(+ ☐ h ☐ min)→ 18 : 20 Uhr

b) Berechne die Ankunftszeit.

6 : 52 Uhr —(+ 38 min)→ ☐ Uhr

12 : 50 Uhr —(+ 2 h 22 min)→ ☐ Uhr

c) Berechne die Abfahrtszeit.

☐ Uhr —(+ 25 min)→ 16 : 02 Uhr

☐ Uhr —(+ 1 h 7 min)→ 19 : 32 Uhr

6 Die Sommerferien dauern in diesem Jahr 42 Tage.
Sie beginnen am 24.6.
An welchem Tag müssen alle Kinder wieder in die Schule?

Geometrie

1 Bestimme die Vierecksarten.

2 Richtig oder falsch?

a) Jedes Quadrat ist auch ein Trapez.
b) Jedes Parallelogramm ist auch ein Rechteck.
c) Jedes Trapez ist auch ein Viereck.
d) Jedes Rechteck ist auch ein Quadrat.

3 a) Welchen Flächeninhalt und Umfang haben das erste, zweite und dritte Quadrat?
b) Zeichne das vierte Quadrat.
c) Berechne den Flächeninhalt und Umfang des fünften Quadrats.

4 Zeichne die Figuren im angegebenen Maßstab in dein Heft.

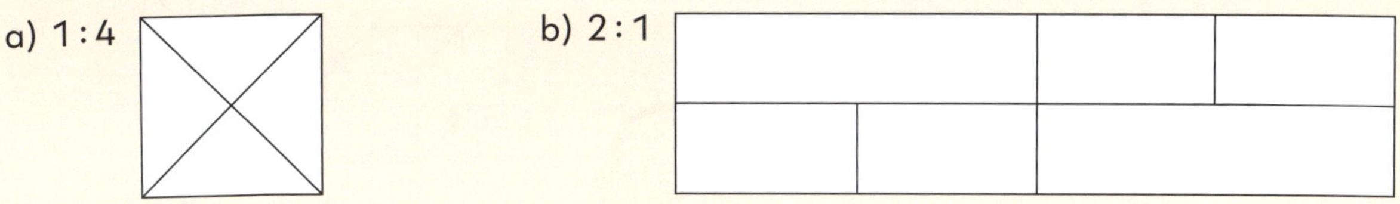

5 Welche dieser Netze sind Körpernetze?

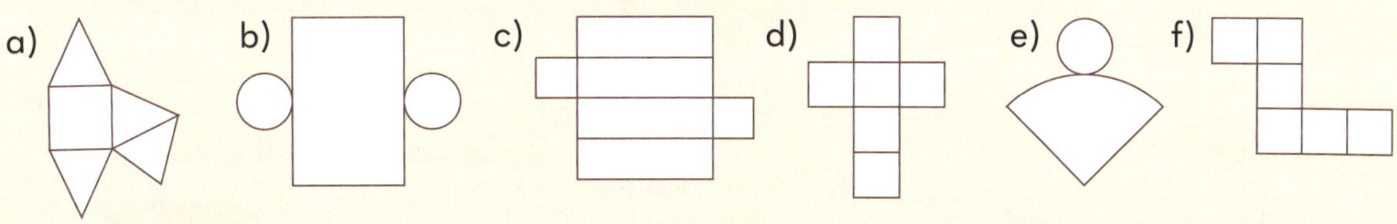

6 Ordne die Ansichten zu.

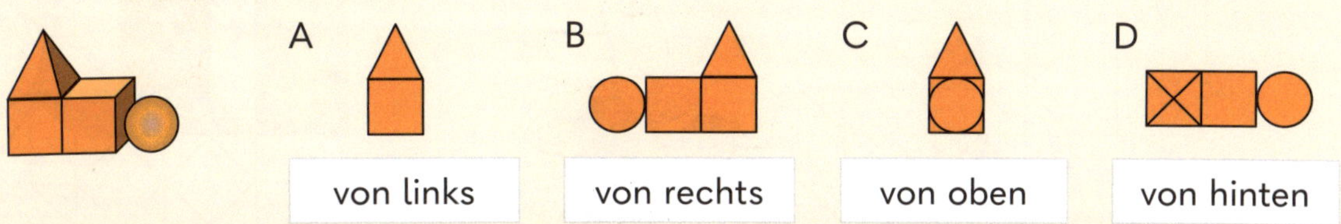

Mathematik in der Kunst

1 Betrachte das Bild. Was fällt dir auf?

Composition cinétique
Victor Vasarely

Blickwinkel

geometrische Formen

Farben

2 Gestalte ein ähnliches Bild.

1 Zeichne einen Würfel im Schrägbild.

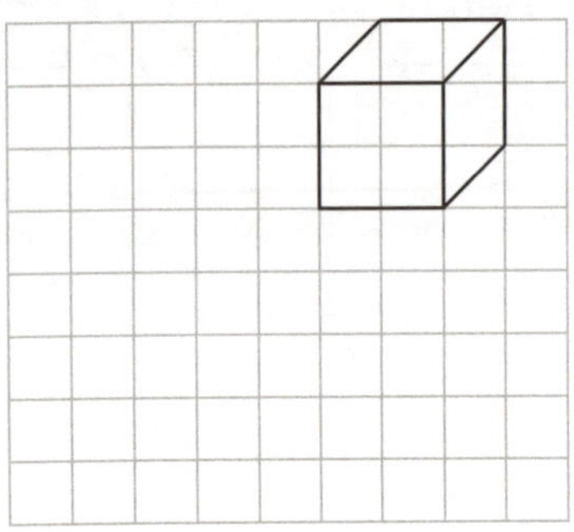

2 Ergänze weitere Würfel.

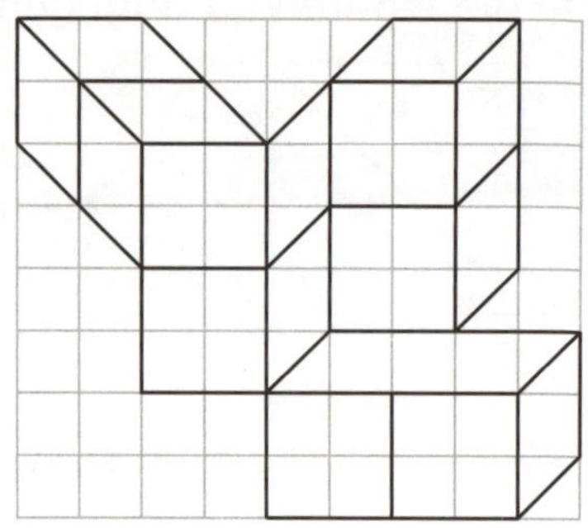

3 Zeichne Quadrate.

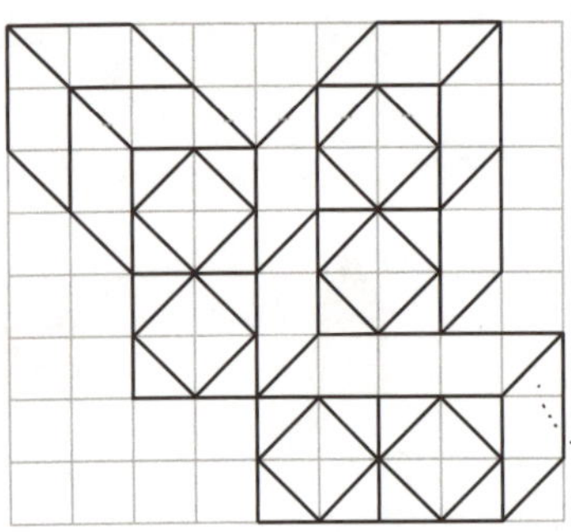

4 Gestalte dein Bild farbig.

1: Bild betrachten, geometrische Formen, Farben und Blickwinkel thematisieren
2: Eigenes Bild nach Anregungen gestalten

WUSSTEST DU SCHON?

Victor Vasarely (1906 bis 1997) wurde in Ungarn geboren und zog später nach Paris. Dort arbeitete er als Maler, Grafiker und Bildhauer. Er gestaltete seine Kunstwerke mit einfachen geometrischen Formen und wenigen Farben. In seinen Bildern entsteht ein dreidimensionaler Eindruck.

3 Gestalte solche Bilder.

Victor Vasarely

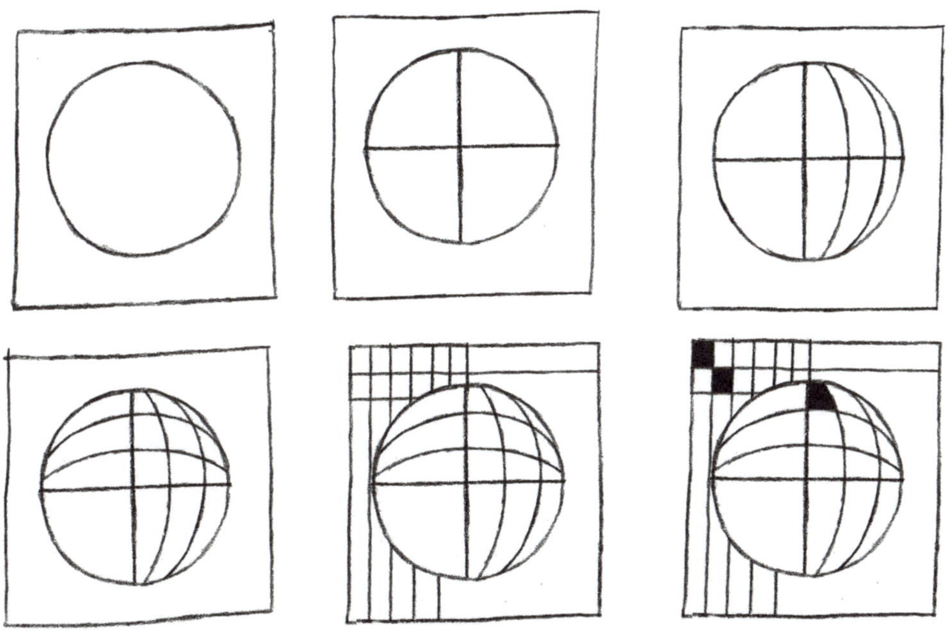

Dualzahlen

1 Wir schreiben Zahlen im **Dezimalsystem**.
Im Dezimalsystem werden immer 10 gebündelt. Wie geht es weiter? Erklärt.

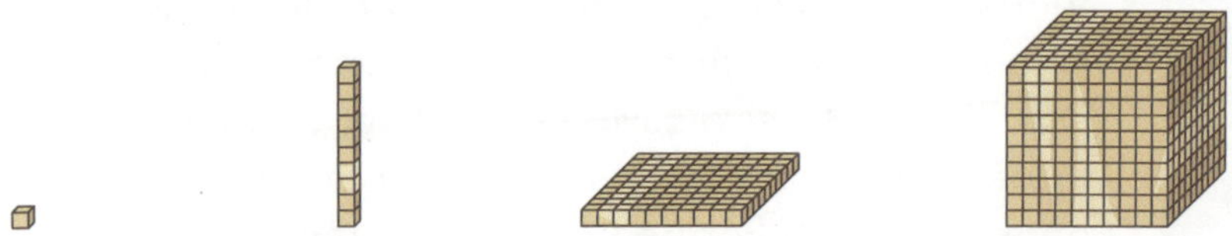

1 Einer	1 Zehner	1 Hunderter	1 Tausender
1 E	1 Z = __ E	__ H = __ Z	__ T = __ H
1	__	__	__

2 Lies die Zahlen aus der Stellenwerttafel ab. Schreibe als Additionsaufgabe.
Erkläre, wie die Zahlen gebildet werden.

HT	ZT	T	H	Z	E
3	0	6	0	8	5
0	0	2	0	3	1
0	5	1	0	2	0

S. 138 / 2

306085 = 300000 +

WUSSTEST DU SCHON?

Computer arbeiten mit Dualzahlen, denn sie können nur die Ziffern 0 und 1 lesen. Alle Zahlen und Buchstaben, die wir in den Computer eingeben, werden in eine Ziffernfolge aus Nullen und Einsen umgewandelt.

3 a) Im Dualzahlsystem werden immer 2 gebündelt. Wie geht es weiter?

1 Einer	1 Zweier = 2 Einer	1 Vierer = 2 Zweier	1 Achter = 2 Vierer
1	2	4	8

immer das Doppelte

b) Vervollständige den Kopf der Stellenwerttafel für Dualzahlen.

							Einer

1 bis 2: Aufbau des dezimalen Stellenwertsystems wiederholen
3: Bündelungen im Dualzahlsystem erkennen und nachvollziehen
B-KV 21 nutzen

4 Lege nach.
Schreibe die Dualzahlen als Additionsaufgabe.
Wandle sie in eine Dezimalzahl um.

S. 139 / 4

	Dualzahl	Dezimalzahl
a)	1 1	2 + 1 =

	Zweiunddreißiger	Sechzehner	Achter	Vierer	Zweier	Einer
a)	0	0	0	0	1	1
b)	0	1	1	0	0	0
c)	1	1	1	1	1	1
d)	0	1	0	1	0	1

5 Der Computer hat die Zahlen nicht in unser Dezimalsystem übertragen.
Welche Zahlen sind gemeint?

a) Die Katze hat **1 001** Leben.
b) Morgens früh um **110** kommt die kleine Hex.
c) Schneewittchen und die **111** Zwerge.
d) Ein Tag hat **11 000** Stunden

6 Schreibe eigene Dualzahlen.
Ein anderes Kind wandelt um.

Rechnen mit dem Taschenrechner

1 a) Zeige die angegebenen Tasten auf deinem Taschenrechner.

+	addieren	=	ist gleich
−	subtrahieren	·	Komma
x	multiplizieren	C	an/löschen
÷	dividieren	CE	löschen der letzten Eingabe

b) Wie viele Stellen kann dein Taschenrechner angeben?
c) Welche Zahl ist die größte, die du eintippen kannst?

2 Löse die Aufgaben im Kopf und überprüfe mit dem Taschenrechner.

a)	Tippe ein:	b)	c)
6 + 3	[6] [+] [3] [=]	400 + 46	2 000 · 8
12 − 9	[1] [2] [−] [9] [=]	620 + 240	800 · 7
7 · 8	[7] [x] [8] [=]	24 500 − 2 500	4 200 : 60
63 : 9	[6] [3] [÷] [9] [=]	68 340 − 7 000	36 000 : 900

3 Löst die Aufgaben. Ein Kind rechnet im Kopf, das andere mit dem Taschenrechner.
Welches Kind kommt schneller zum Ergebnis?

a)	b)
6 400 + 2 600	4 990 − 4 090
3 600 + 750	22 900 − 2 000
23 450 + 500	120 000 − 10 000
500 000 + 50 000	458 000 − 58 000

c)	d)
60 · 80	4 500 : 9
50030 · 9	12 000 : 60
30 · 300	250 000 : 500
60 000 · 0	1 000 000 : 4

4 a) Tippe folgende Zahlen in den Taschenrechner ein.
Drehe den Taschenrechner um.
Schreibe auf, was du entdeckt hast.

[3] [3] [5]   [5] [5] [0] [8]   [3] [9] [1] [3] [9]   [3] [5] [1] [3] [7]   [8] [3] [1] [5]

b) Finde weitere Zahlen, die ein Wort ergeben.

1: Taschenrechner kennenlernen
2 und 3: Aufgaben mit oder ohne Taschenrechner lösen

5 Die Mathefreunde haben sich Aufgaben ausgedacht, deren Ergebnisse beim Umdrehen des Taschenrechners ein Wort ergeben. Finde diese Wörter.

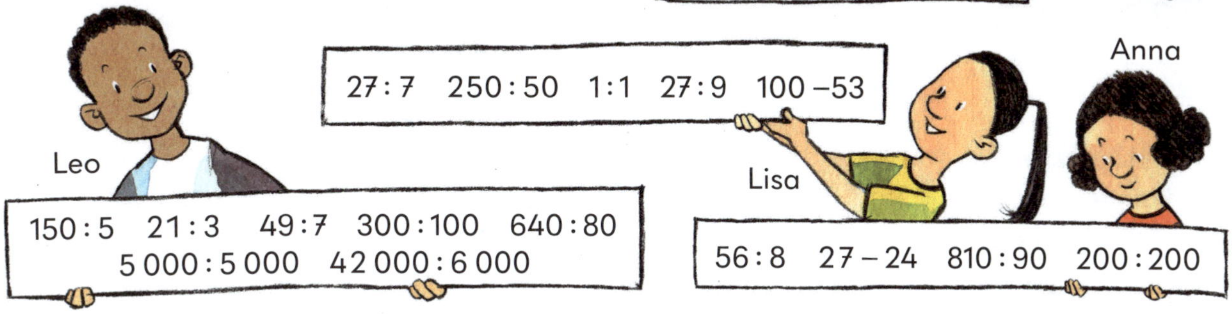

6 Auf deinem Taschenrechner sollen die Wörter LIEBE, ESEL und GLEISE stehen.

a) Welche Zahlen müssen auf der Anzeige erscheinen?
b) Findet Aufgaben zu diesen Zahlen.

7 Verwende die Tasten [3] [6] [9] [x] und [=] nur einmal.

a) Welche Produkte kannst du berechnen? Schreibe auf.
b) Finde das kleinste und das größte Produkt.

8 Drücke genau sechs Tasten auf deinem Taschenrechner, damit du die Zahl 90 erhältst. Welche Tasten kannst du drücken? Schreibe auf und vergleiche mit einem anderen Kind.

9 a) Multipliziere. $37\,037 \cdot 9$ $37\,037 \cdot 12$ $37\,037 \cdot 15$

Was fällt dir auf?

b) Mit welchen Zahlen musst du **37 037** multiplizieren, damit du diese Ergebnisse erhältst?

111 111   222 222   666 666   999 999   777 777   888 888

Runden

Zahlen können abgerundet werden.
Bei 0, 1, 2, 3, 4 wird abgerundet.

Zahlen können aufgerundet werden.
Bei 5, 6, 7, 8, 9 wird aufgerundet.

Schreibe: 8 674 ≈ 9 000
Sprich: 8 674 ist gerundet 9 000
(8 674 ist angenähert an 9 000)

Addieren

Summand Summand Summe
5 231 + 51 250 = 56 481
Summe

Subtrahieren

Minuend Subtrahend Differenz
28 456 − 13 225 = 15 231
Differenz

Multiplizieren

Faktor Faktor Produkt
3 · 1 234 = 3 702
Produkt

Dividieren

Dividend Divisor Quotient
18 756 : 9 = 2 084
Quotient

Vielfache

Vielfache sind alle Ergebnisse (Produkte) von Multiplikationsaufgaben, die zu einer Zahl gehören.

Teiler

Teiler einer Zahl sind alle Zahlen, durch die ohne Rest geteilt werden kann.
Die 1 und die Zahl selbst sind auch Teiler.

Rechenregeln

Punktrechnung ⊙, ⊛ geht vor Strichrechnung ⊕, ⊖.

800 + 60 · 50 = 3 800
800 + 3 000 = 3 800

Die Aufgabe in der Klammer wird zuerst gelöst.

(3 + 6) · 50 = 450
9 · 50 = 450

Schriftliche Addition

	3	6	9	7
+	2	2	4	2
		1		
	5	9	3	9

Schriftliche Subtraktion

Abziehen

		3	16	
	5	~~4~~	~~6~~	7
−	3	2	8	6
	2	1	8	1

Ergänzen

	5	4	6	7
−	3	2	8	6
		1		
	2	1	8	1

Schriftliche Multiplikation

3	2	6	·	3	2	
		9	7	8		1
			6	5	2	1
		1				
	1	0	4	3	2	

Schriftliche Division

3	4	3	2	:	6	=	5	7	2		
3	0	↓	↓								
	4	3				K:	5	7	2	·	6
	4	2	↓					3	4	3	2	1 4
		1	2								
		1	2								
			0								

Teilbarkeitsregeln

Alle Zahlen, die an der Einerstelle eine 0 haben, sind durch 10 teilbar.
Alle Zahlen, die an der Einerstelle eine 0 oder 5 haben, sind durch 5 teilbar.
Alle Zahlen, die an der Einerstelle eine 0, 2, 4, 6 oder 8 haben, sind durch 2 teilbar.

Längen

km → · 1 000 → m → · 100 → cm → · 10 → mm

mm → : 10 → cm → : 100 → m → : 1 000 → km

1 km = 1 000 m
1 m = 100 cm
1 cm = 10 mm

Masse und Rauminhalt

Die Masse wird in Tonne (t), Kilogramm (kg) und Gramm (g) angegeben.

1 kg = 1 000 g   1 t = 1 000 kg

0,5 kg oder $\frac{1}{2}$ kg = 500 g

0,25 kg oder $\frac{1}{4}$ kg = 250 g

0,75 kg oder $\frac{3}{4}$ kg = 750 g

Rauminhalte (Volumen) werden in Liter (l) und Milliliter (ml) angegeben.

1 l = 1 000 ml

0,5 l oder $\frac{1}{2}$ l = 500 ml

0,25 l oder $\frac{1}{4}$ l = 250 ml

0,75 l oder $\frac{3}{4}$ l = 750 ml

Zeit

h → · 60 → min → · 60 → s

s → : 60 → min → : 60 → h

1 h = 60 min
1 min = 60 s

24 Stunden sind 1 Tag.
7 Tage sind 1 Woche.

12 Monate sind 1 Jahr.
365 Tage sind 1 Jahr.

Körper

Würfel, Quader, Kugel, Pyramide, Zylinder und Kegel sind Körper (räumliche Figuren).
Sie besitzen Ecken und Kanten und werden durch Flächen begrenzt.
Wenn man einen geometrischen Körper auffaltet, entsteht ein Körpernetz.

Ebene Figuren

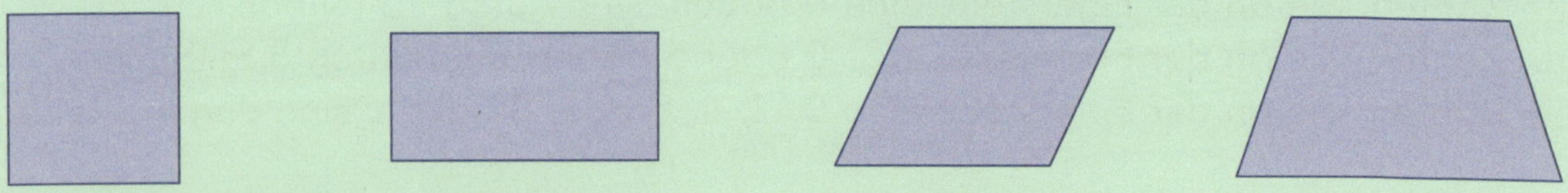

Quadrat Rechteck Parallelogramm Trapez

Flächeninhalt und Umfang

Die Größe der Fläche wird **Flächeninhalt** genannt.

Der **Umfang (U)** einer Figur ist die Gesamtlänge des Randes dieser Figur.

Maßstab

	Bild		Original
Maßstab	2	:	1
sprich	2	zu	1

Die Blüte ist zweimal vergrößert.
2 cm im Bild sind 1 cm im Original.

	Modell		Original
Maßstab	1	:	18
sprich	1	zu	18

5 cm im Modell:
$5\ \text{cm} \cdot 18 = 90\ \text{cm}$
90 cm im Original